DIGITAL X BOOK

入江 宏志 [著]

デジタル時代の やさしい データ分析法

学校では教えてくれない

インプレス

JN194552

目次

第1章　入門編 ………………………………………………………………… 7

1-1　デジタル時代はなぜ"データ分析力"を求めるのか ……………… 8

ツールありきではデータ分析は成功しない …………………………………… 8

「データ」が大きな役割を果たすようになった……………………………… 9

ツールは大きく3つのカテゴリーに分けられる ……………………………… 11

1-2　データ分析で重要なのは「列（属性）」を増やすこと ………… 16

自由な分析指標で相関関係を見出す ……………………………………… 18

偽の因果関係を見抜く6つのステップ…………………………………… 19

データ分析にも心理学の要素が必要に?! …………………………………… 21

1-3　ビッグデータの分析は客観的から主観的へ、ベイズ推定が注目さ

れる理由 ……………………………………………………………………… 22

分析対象が"不安定"になり客観的な分析が限界に ……………………… 23

GoogleやMicrosoftなどが積極採用する「ベイズ推定」の研究者 ………… 24

主観的な推論により"真実"に近づく ……………………………………… 26

多彩な適用範囲、高い計算能力をGPUに求める …………………………… 27

第2章　基本編 ……………………………………………………………… 29

2-1 「可視化」でビギナーズラックも Amazon の戦略も理由が見えてく
る ……………………………………………………………………… 30

ビギナーズラックを説明できる「正規分布」 …………………………… 30

社会現象の歪さを表す「対数正規分布」 ………………………………… 32

正規分布の「右側」や「左側」が重要になってきている ……………… 33

Amazon が Whole Foods を買収した理由 ……………………………… 35

裾野に隠れた真実を表す「べき分布」 …………………………………… 36

局所点で起きやすい「ポアソン分布」 …………………………………… 37

2-2 「分類」の手法を誤ると正しい姿は見えてこない …………………… 39

手順1：分類して"当たり"をつける ……………………………………… 39

データを量的に評価・分類する主成分分析と因子分析 ………………… 41

採用面接における因子分析の効果 ………………………………………… 43

手順2：対象を絞り込んでいく …………………………………………… 44

2-3 データに潜む関連性を見いだし将来を予測する …………………… 47

手順3：予測して影響度を測る …………………………………………… 47

犯罪捜査にも使われているロジスティック回帰分析 …………………… 49

手順4：予測して先を読む ………………………………………………… 51

手順5：効果を検証する …………………………………………………… 52

目次 | 3

第3章　応用編 ……………………………………………………… 55

3-1　未解決な事象の分析に威力を発揮するベイズ推定 ……………… 56
「ベイズの定理」の数式に惑わされない ……………………………… 57
迷惑メールが届く確率をベイズ推定で解いてみる ……………………… 58
主観的な確率が条件と観測で精度が高まっていく ……………………… 60
条件が複数になっていけば積分の力を借りる …………………………… 62

3-2　正しい分析に向けデータの特性と関係性のパターンを知る …… 64
ビッグデータ時代が生み出した「Any Data」 ………………………… 65
新しい分析には新しいデータ「オープンデータ」を活用する ………… 66
データの関係性パターンを知れば分析が容易になる …………………… 68

3-3　データの関係性パターンとしての「構造」と「空間」 ………… 72
階層構造では拡散するB2B2Bの構造に対応した独自フレームワーク … 74
空間の把握で活躍するトポロジカルデータ解析 ………………………… 76

3-4　人の行動・感情を知るために必要な非構造化データの分析 …… 79
行動・感情を表す4つのデータがシステムのあり方も変える ………… 80
自動運転やロボティクスもイベントドリブン型 ………………………… 81
退職傾向が非構造化データの分析で分かる ……………………………… 82
会社と社員のどちらに非があるかはコンサルティング領域 …………… 83

第4章　実践編 ……………………………………………………… 87

4-1　データ分析の王道としての順問題と逆問題を理解する ………… 88
推論の結果が知識になり、知恵へと変わっていく ……………………… 90
逆問題では"勘と経験と度胸"が効く …………………………………… 91
究極は「複雑なデータを単純に分析する」こと ………………………… 94

4-2　データ分析で失敗しないための5つのポイント ……………… 95
実務経験からOODAループの6フェーズに拡張 ……………………… 95
順問題における6つのフェーズ …………………………………………… 96
逆問題における6つのフェーズ …………………………………………… 98
経験に裏付けされた失敗しない5つの分析ポイント …………………… 99
自動運転、AI、ロボットの動きもAUOODAで説明可 ……………… 102

4-3　データ分析における心理的側面の深いつながり ……………… 104
確率ですら主観的な評価で歪んでしまう ……………………………… 105
事実よりも感情が影響を与える ………………………………………… 107
データ分析で役立つ5つの心理的ポイント …………………………… 108
画一化・標準化された方法ではデータ分析は難しい ………………… 111

4-4　データ分析にはリスク管理・危機管理が不可欠 ……………… 112
想定外は必ず起こることを意識する …………………………………… 113

ノウハウ1：信頼性の高いデータを使う ……………………………113

ノウハウ2：ハインリッヒの法則を応用する ………………………115

ノウハウ3：データの"トライアングル"を成立させない ………116

ノウハウ4：適切なデータ分量を知る ………………………………118

4-5 データ分析には数学的・科学的手法を生かすセンスが不可欠 … 120

問題を抽象化し必要・十分条件を絞り込むのが数学 ………………120

センス1：データの"美" ……………………………………………121

センス2：手元にないデータを予測する ……………………………123

センス3：想像力の射程距離を延長する ……………………………127

共通点が多くてもモデルは共通とは言えない ………………………127

第5章　ビジネス編 …………………………………………………… 129

5-1 データが持つ"重力"を活用するために乗り越えるべき3つの壁130

データの"重力"にビジネスが引きつけられる ……………………130

壁1：意味あるデータはどこから取ってくるか？ …………………131

壁2：そもそもビッグデータをすべて取得することは必要なのか？ …………133

壁3：どのデータに価値があるか？ …………………………………133

5-2 データを"金"に変えるにはメッセージが不可欠である ……… 136

ビジネスのためのデータを取得・入力する方法が変化 ……………137

「お金儲け」はデータ分析と経営の境界線？！ ……………………138

X-Techの登場はデータ駆動型時代の象徴 …………………………139

Alternative Dataへの期待が高まるヘルスケア領域 ………………141

日本語と英語の違いがデータ分析にも影響している ………………143

5-3 データ分析に不可欠な発想力は日々の行動で磨ける ………… 145

1人でアイデアを出すには"違和感"を探せ ………………………146

違和感を記録し「アイデアの辞書」を作る …………………………147

グループのアイデア出しに有効な「ブレインライティング（Brain Writing）」149

自身のアイデアだけでなく人のアイデアを膨らませる ……………151

偶然を大切にし閃きを得る ……………………………………………151

考え方が異なる組織外との交流が重要に ……………………………152

第6章　ルール編 ································ 155

6-1　ビッグデータの法則：その1＝95％は信頼できない ········· 156
ルール1：95％は信頼できない ······························· 157
誤差として処理してきた領域が重要に ······················· 159
今後は「99.9％は信頼できない」時代に突入か ············· 161
データをいかに捨てるかが重要 ······························· 162

6-2　ビッグデータの法則：その2＝振り子現象、すべては繰り返す · 164
人口は集中と分散を繰り返している ························· 164
経済は米と金を繰り返している ··························· 166
世界情勢は左極と右極の繰り返し ····················· 167
テクノロジーも集中と分散を繰り返している ········· 168
繰り返しはデータ分析で読み解ける ······················· 170
繰り返しパターンを見抜くための3つの着眼点 ············· 172

6-3　ビッグデータの法則：その3＝数字の魔力 ··············· 174
数字の魔力1：ベンフォードの法則 ······················· 174
数字の魔力2：モンモール数 ··························· 175
数字の魔力3：黄金比（1：（1＋$\sqrt{5}$）／2 ≒ 1：1.62） ····· 176
数字の魔力4：白銀比（1：$\sqrt{2}$ ≒ 1：1.414） ············· 177
数字の魔力5：完全数 ··························· 178
数字の魔力6：「78：22」の法則 ··················· 179
数字の魔力7：ネイピア数（e） ···················· 180
何事も事前に十分に分析し自らに合致するものを創造せよ ····· 181

6-4　ビッグデータの法則：その4＝広がる格差、なぜ格差が広がって
いるのか？ ·· 183
二極化や分裂により格差社会が一層広がる ··············· 183
AI（人工知能）を使いこなせるかどうかで格差は、より深刻に ········· 185
アルゴリズムが人間の上司になる時代 ··············· 188
『○○する力』を養って対抗せよ ··················· 189
『○○する力』を磨くにはメソドロジーがいる ············· 191
喜怒哀楽こそが人の原動力である ····················· 193

第1章　入門編

1-1 デジタル時代はなぜ"データ分析力"を求めるのか

デジタルトランスフォーメーション（デジタル変革）の実行に向けて、IoT（Internet of Things:モノのインターネット）やAI（人工知能）といったデジタルテクノロジーへの期待が高まっている。だが、いずれにも共通しているのは、いかにデータを分析するかだ。種々の分析ツールは手に入るものの、どんな結果を得るために、どんなデータを、どう分析するかを考えられる"データ分析力"が不可欠だ。今節は、デジタルな時代が求めるデータ分析力とは何かを考えてみる。なお、データ分析が誰にとっても簡単に思えるようになってもらいたいという筆者の思いから「やさしいデータ分析法」と名付けた。

　ある大手電子部品会社は2014年夏の時点で「ビッグデータを用いて新たな発見を得たい」と考えていた。部品会社は、単にB2B（企業間取引）ではなくB2B2B（企業対企業対企業の取引）のビジネスモデルを持っているためデータ分析は少し厄介である。モノ（部品）の流れを可視化しようとしても、バイヤーの先の先まで、サプライヤーの先の先までをそれぞれ分析しなければならないからだ。

ツールありきではデータ分析は成功しない

　この依頼を受けた、あるコンサルティング会社は、外資系の大手ITベンダーが提供するビッグデータ分析ツールを担ぎ、データを分析しようとした。だが、なかなか満足な結果が得られない。そこで筆者に話が回ってきた。筆者は、大量のニュースやSNS（Social Networking Service）の

投稿が分類できる欧州ベンダー製の製品を使って分析を試みた。しかし、それでも顧客は満足しない。

次に競合する米国ベンダー製のツールを使うことにした。知り合いとチームを組みハッカソンにも参加してツールにも慣れるようにした。同製品はAI（Artificial Intelligence：人工知能）機能を持っていた。同機能自体に不満があったわけではないが、やはり顧客ニーズには合致しない。著名なBI（Business Intelligence）ツールも試したがグラフ類が綺麗になっただけで新たな気付きはなかった。

そこで少し角度を変えて、日本の大学と「ブランド名の分析」を研究してみた。競合企業との比較は可能になったが、顧客の満足を得られるほどの価値は引き出せなかった。

この話で伝えたいことは、最初にツールを決め、データを分類して可視化するだけでは価値は得られないということだ。データ分析から得られるであろう新たな"発見"に期待する人々にとって全く意味がない。分析の本質は、課題点を明確にしたうえで、分析の根幹から考え直し、科学的に一から構築し直すことである。本書では、この分析方法の本質を伝えていきたい。

「データ」が大きな役割を果たすようになった

そもそも経営に資するITシステムは、（1）ビジネスモデル、（2）アプリケーション、（3）ITインフラストラクチャー（基盤）からなっている。これに加えて大きな役割を果たすようになったのが「データ」だ（図1-1）。

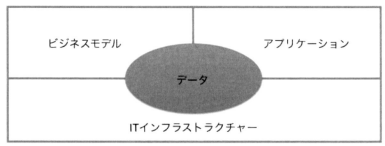

ITインフラに包含されていたデータが、AI、ビッグデータ、IoT、クラウドの影響で4つ目の大きな要素に進化した

図1-1：経営に資するITシステムのアーキテクチャー

　結果、ITインフラの技術者やアプリケーションエンジニアなどもデータ分野に取り組み出している。安易に考え上記のようなツールありきに陥ったり、逆に難しく考えすぎてデータ分析を複雑で取っつきにくいものにしてしまっている。いずれの場合でも多くの人が「統計」と「確率」を混濁して分析しようとしているようである。

　「統計」と「確率」は全くの別物だ。統計は「逆問題」、確率は「順問題」と真逆である。逆問題とは、ある程度、肌感覚や経験値から結果や落としどころが分かっていて原因を可視化することである。

　一方の順問題は、全く結果が分からずに試行錯誤で分析することだ。この違いを含め、あまりにツール頼みでデータ分析に取り組むケースも多い。ツール派のデータサイエンティストの中には、データ移行の段になり「csv形式」といった基本すら知らない人も存在するといった驚くべき事実もある。

　データを取り扱うには、次の3つの能力が必要である（図1-2）。

データサイエンス力（Data Science）
＝データに関する科学的思考・数学的な考え　⟺　∞＝無限の可能性（科学）

データエンジニアリング力（Data Engineering）
＝一見全く関係がないデータを突合する能力　⟺　？＝意外性（違和感）

データイノベーション力（Data Innovation）
＝ビジネスへの適応力・企画力・創造力　⟺　！＝革新性（洞察）

図1-2：データを取り扱うのに必要な3つの能力

- **データサイエンス力**：IT、情報処理、AI活用、数学、統計学、確率論、微積分、アジャイルによるプロトタイプ開発など
- **データエンジニアリング力**：DIKW（Data、Information、Knowledge、Wisdom）の理論、数学的な考えを産業界で応用できる力、一見全く関係ないデータを紐付ける力、違和感・変曲点・特異点を知る力、トポロジー分析、スパースモデリング、ベイズ推定など
- **データイノベーション力**：ビジネス課題への適応力、社会変革への企画力・創造力、リスク管理力、サービスデザイン思考、ロジカルシンキングなど

　データサイエンス力を重視しているのがデータサイエンティスト（Data Scientist）であり、データエンジニアリング力を重視するのがデータアナリスト（Data Analyst）やコンサルタントである。そしてデータイノベーション力を重視するのが、CDO（Chief Digital Officer）である。

ツールは大きく3つのカテゴリーに分けられる

　冒頭、ツールありきではダメだと指摘したが、ツールが不要という訳ではない。データ分析に当たっては、ツールのカテゴリーを十分に知って"偽の力"しか持たない製品を見抜く力も必要になる。データに関連するツールは大きく次の3つのタイプに分けられる（図1-3）。

第1章　入門編　11

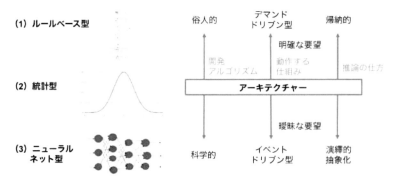

図1-3：データ関連ツールの3つのカテゴリー

(1) ルールベース型：人が作った規則に基づいて分析する
【長所】比較的安い、構築しやすい
【短所】古いアーキテクチャー（設計思想）で科学的ではない
【特徴】俗人的、デマンドドリブン型（あらかじめ要望が明確）、帰納的

(2) ビッグデータ型（統計型）：データを集めて統計処理し、その辞書に基づいて分析する
【長所】漏れなく処理、ハードウエアはCPU（Central Processing Unit）で十分
【短所】統計の辞書に依存、データ数次第
【特徴】統計的、ビッグデータ、演繹的

(3) ニューラルネット型（AI型）：推論モデルを礎にAIが深層学習で分析
【長所】論理的でスムーズな処理
【短所】学習が不十分だと漏れがある、ハードウエアはGPU（Graphics Processing Unit）が適するが高価。GPUはリアルタイム画像処理に特化した演算装置で最近はAIでも注目されている

【特徴】科学的、イベントドリブン型（事前の要望が曖昧）、抽象的

　なお、生成AIは、ニューラルネットや深層学習（ディープラーニング）等で用いられるアルゴリズムを駆使して、パターンを識別し、そのパターンに基づいて新たな結果を生成できる。

　現状、販売されているツールの多くは（1）ルールベース型だ。一部が（2）統計型であり、最近は（3）ニューラルネット型が「AI」として話題になっている。ただAIは、ベイズの定理などに基づいた主観的な処理のため、条件を設定した際に捨てるデータが多数あり、データの全量からすると、まだまだ漏れがある。そのため完全な処理のためには統計型ツールも必要になる。データを捨てるということはリスクの部分も増える。データ分析ではリスク管理のノウハウも重要になる。

　一般に欧米発のツール類は、従来型の日本企業にとっては、使い方の問題もあるかもしれないが、適合度は低いことが多い。その背景には、日米欧の考え方における以下の違いもある。

日本：帰納的　　米国：演繹的　　欧州：抽象化

　あくまでも例え話であるが、1～10までの合計を求める場合、日本人は $1 + 2 + 3 + \cdot +$ 　　10と帰納的に答えを出す。10まで程度なら良いが、1万までとなれば骨が折れる。米国人は結果を知っていて、演繹的に $\{n × （n + 1）\} ／ 2$ と計算で答えを出す。昔から著名な数学家を排出している欧州人は、なぜ合計が $\{n × （n + 1）\} ／ 2$ になるかを物事を抽象化して考えて理解しているとされる（1～nまでの合計 $Sn = \{n × （n + 1）\} ／ 2$ であることは、学校で習っているはずなので、読者も改めて証明してみてほしい）。

　データ分析に取り組むにはビジネストレンドを知っておく必要もある。興味深いことに、日本と海外ではビジネストレンドにも明確な差がある。日本は部品メーカーが多いこともあり注目はIoTである。ところが海外は、まずAI。それにクラウドや次世代の自動車、スマホ、5G（第5世

代移動通信システム）へと広がっている。日本でもAIから5Gまで、すべてに注目してはいる。だが企業戦略としてみれば、日本はIoT、海外はAIだ。なぜ米国をはじめ海外はAIなのか？

答えは簡単だ。AIは儲かるからだ。メーカーがIoTを用いて故障などを予知・予兆をしてもお金にはなり難い。それは製品メーカーが負うべき宿命だからである。逆にAIはブラックボックスであるが故に話が大きくできる。無限の可能性が詰まっている。

そのAI、あるいはロボットを含めて、人の仕事を奪うという悲観的な予測も少なくない。欧米では「ロボカリプス（Robocalypse：robot＝ロボットとapocalypse＝黙示録を組み合わせた造語）」という言葉がある。AIを備えたロボットによって人間は仕事を失い、黙示録の予言のように破局が来るという考えである。

確かに人はAIによって仕事を奪われ、所得の中間層は二局化していくだろう。だが筆者は明るい未来を予想している。かつて、産業革命の前に農業革命で人々の仕事が奪われた。だが、知識を蓄えるために家庭の蔵書量が増え、産業革命以後の新しい社会の原動力になった。同様のことがAI革命でも起こり、暇になった人が家に入り、クラウドワーカーとして次の産業革命・社会変革の力になるだろう。

今、100〜200年前の古い原則に従った社会システムが、ビッグデータやAIに基づく新しい考え方や高度なデータ分析により、姿を変えようとしている。我々が抱える現在の社会問題の解決を図ろうとしている。そのためには、ビジネス界でもビジネスリーダーが適切な分析法を学び、データによるイノベーションを実現しなければならない。これがデータイノベーションである。

次節からはデータ分析に関し、以下の話題を取り上げる。
・データ分析の目的、手段、対象
・データ分析の流れ、プロセス
・データ分析法の本質

・分析経験から得た知見
・ベイズの定理
・心理的な側面（エモーションドリブン型）
・ビッグデータに関する法則
・データに関するリスク管理
・科学的手法（ロジカルシンキング、トポロジー分析、スパースモデリング、形態素解析など）
・データのビジネス視点

　これらの話題が、データに様々な形で携わる、すべての読者の参考になれば幸いである。

1-2 データ分析で重要なのは「列（属性）」を増やすこと

「社内で活用されていない、あるいは、従来は捨て去ってきたデータを経営に活かせないか？」——。こうした要望は経営層を中心に非常に根強いが、経営にはなかなか役立っていない。結局、経営層を含めたビジネスリーダーにとって、分析自体は手段であって、ほしいのは最適な答えである。本節は、分析の目的を掘り下げてみる。

　「分析」の語源は、その漢字が示すとおり「木を斧で切り分けて使いやすくすること」である（図1-4）。木をデータの集まりだと考えれば、横に切ると「行」が増え、縦に切ると「列」になる。この「行」がデータの単位となる「レコード」であり、「列」は、そのレコードの属性だ。例えば、日本の人口という木には2025年2月時点で、1億2354万の行があり、年齢や住所、学歴、身長、体重といった列（属性）で分けられる。

図1-4：「分析」の語源は「木を斧で切り分けて使いやすくすること」である

　データ分析で重要なのは「列」である。いくら「行」が多くても「列」が少なければ分析の視点からは全く意味がない。属性が分析の基準になるため、基準が少ないデータは単なる"ゴミの山"である。自ら作りだすデータ、市場で売られている調査データ、誰でも自由に使えるオープンデータのいずれもが「列」が限られているだけに、新たな「列」をどう作るかが勝負の鍵になる。

　さて、ここに"魔法の箱"があり、データを入れれば答えが出てくるとしよう（図1-5）。例えば、ある商品の今の需要量を箱に入れると、1年後の最適な需要量が予測されて出てくるような箱だ。この箱が「関数」である。「箱」には「函」という漢字もあるが、「関数」には「函数」のほうがしっくりくると筆者は感じている。

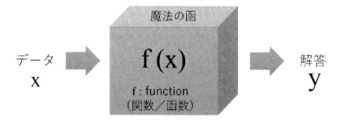

図1-5：ビジネスリーダーが知りたい「答え」を導き出すのが「函数」

　函数は英語で「function」である。なので函数は、その頭文字を取ってy = f (x) で表す。先の例を当てはめると、xが現在の需要量で、yが1年後の予想需要量である。数学で出てくる函数と方程式を勘違いされる人も多い。函数はxからyを求める順問題である。一方の方程式は、例えば100 x + 50 = 350などxを求める逆問題である。学校では、こうしたことも明確には教えてくれない。

自由な分析指標で相関関係を見出す

　ビジネスリーダーが知りたいことに相関関係がある。2つ以上の事象の間にある関係性のことだ。ある雑誌に「『フィットネスを活用する人数』（事象A）を『外国語学習者の数』（事象B）で割ったものが『6カ月後の株価』（事象C）と相関関係がある」という内容があった。
　つまり　**事象A ÷ 事象B ≒ 事象C**　である。
　また「『家計調査（総務省）でのマグロの消費額』（事象A）から『家計調査（総務省）でのアジの消費額』を引いたものが『6カ月後の内閣府・景気ウオッチャー調査の景気指数』（事象C）と相関関係がある」との内容もある。
　これは　**事象A － 事象B ≒ 事象C**　である。
　このように自由な発想で独自の分析指標を作ればいい。事象間の関係

性を見る場合、別に割り算や引き算だけでなく、足し算やかけ算、log、ルート、微積分などでもいい。2つ以上の事象の関係性を、数学を駆使して、あぶり出せるかどうかにかかっている。

　ここで大切なのが時間軸だ。通常は、事象Aも事象Bも同じ時間軸で比較する傾向がある。だが別に、時間軸は異なっても問題はない。逆に事象Cの時間軸が事象Aや事象Bと同じだと現状把握ができるだけで予測は困難である（図1-6）。

図1-6：相関関係で大切なのは「時間軸」

偽の因果関係を見抜く6つのステップ

経済学などの専門家は、2つのデータ間あるいは2つの事象の関係について、相関関係なのか因果関係なのかを明確に区別する。因果関係は、「A（原因）→ B（結果）：AならばBである」で表される。本物の因果関係かどうかを検証するには、以下6つのステップを取る。

【基本】「AならばBである」という関係の必然性を追求する
筆者の信念は、「世の中には偶然はない。偶然に見えても解き明かせてい

ない必然的な関係性がある」だ。そこからスタートして、想像力で解き明かしていく。

【反証】「AならばBである」という関係は単なる偶然であると仮定する

関係性に"違和感"を感じたら偶然の可能性がある。偶然である証拠を積み重ねてみる。

【裏】「AでなければBではない」と"裏"を考える

原因、結果のそれぞれを反対につなげてみる。色々なステップを繰り返し正当な因果関係を見つけ出す。

【逆】「BならばAである」と"逆"にしてみる

原因と結果を入れ替えてみることも大切だ。逆のほうにフィット感があれば原因と結果を入れ違えている可能性もある。重要なのは「AならばBである」も「BならばAである」も両方とも成り立つならば、この関係は因果関係ではなく、相関関係の可能性が高いということだ。

【第3の要因】原因・結果の双方に影響を及ぼす新しい要因を想定する

原因、結果の双方に影響を及ぼす第3の要因が存在するケースも想定する。この要因を「交絡（こうらく）因子」という。

【実験】実際に試験する

実験の代表的なものはランダム化比較試験である。分析対象を無作為に2つのグループに分ける。ある因果関係が成り立つかどうかを証明するため、一方のグループには原因になることを行わせ、別のグループには原因とは反対なことを実施させる。試験後、両グループの結果に明確な差があれば因果関係が成立する。

　グループの分け方には他にも、コホート研究やケースコントロール研究がある。ランダム化では倫理的に問題な場合がある。例えば、飲酒・喫煙を実験するのに、ランダムにグループ分けして無理やり飲ませる訳にはいかない。そこで実際に酒を飲むか飲まないかという習慣でグループに分ける。これをコホート研究という。

逆問題では、ケースコントロール研究がある。健康なグループ（コントロール群）と病気のグループ（ケース群）に分け、何が原因であるかを追究する。過去についてヒアリングするため、人の記憶に頼りデータの信頼度は劣るが手っ取り早い方法ではある。

データ分析にも心理学の要素が必要に?!

これら分析時に気を付けたい現象に錯誤相関がある。2つの事象に実際は関係がないのに関係があるものとして比べる心理現象だ。例えば、スーパーのレジなどで並ぶ列が複数できている場所で、隣の列と比べて自分の列が遅いと感じる。あるいは、傘を忘れると雨が降るなどである。アナリストは、この現象をうまく使って「日食の1年後には平均で17.2％株価が上昇する」と言い、株価を上げたい心理を刺激している。

もう1つ気を付けたいのが原因帰属だ。行動の結果の原因をどこに求めるか、つまり帰属するかということである。例えば、パワースポットを訪れた後に良いことが起こると結び付け、そうでないことは結び付けない。データ分析の本流ではないが、このような心理学を十分に使いこなすのが今後のデータ分析ではある程度は必要かもしれない。ただし、データ分析で心理学を使いこなすのは良いが、科学的でないものは価値を持たない。

次節は、分析の手段の概要について述べる。

1-3 ビッグデータの分析は客観的から主観的へ、ベイズ推定が注目される理由

前節、経営層を含めたビジネスリーダーが知りたいのは、最適な答えであり、それを見いだすための相関関係／因果関係であると指摘した。分析自体は手段である。だが、分析の方法を正しく理解していなければ、手段としても正しくは使えない。本節は、分析方法、なかでも、ビッグデータ分析で「ベイズ推定」が注目される理由を説明する。

従来の統計学では、分析対象の"全体"が比較的安定していた（図1-7）。データ量の伸びが、想定内の線型的な伸びでしかなかったからだ。日本の人口といった安定した全体から取り出したサンプル（標本）は、全体を代表し、ごく単純な"事実"を示す。事実は、グラフにより表現されることが多い。統計は、グラフにより"結果"が見えており、そこから"原因"を考えていく「逆問題」である。

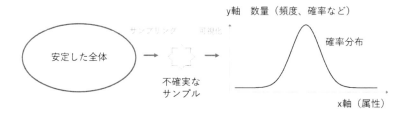

図1-7：これまでの統計は「安定した全体」を対象に"客観的"だった

分析対象が"不安定"になり客観的な分析が限界に

　サンプリングの方法やサンプル数にもよるが、一般にサンプルは不安定なものである。しかし、サンプル数が多ければ多いほど「高度に有意」、すなわち、そのデータには信頼性があると判定する。そこでは、少数のデータをサンプリングすることに意味はない。

　属性をx軸に、数量（頻度とも表現できる）をy軸にとると、世の中のさまざまな現象が分布として現れる。これを「確率分布」と言う。確率分布とは、データを属性で見る場合、その属性の起こりやすさ、言い換えれば、頻度を記述するものである。x軸にデータの属性が持つ特徴が左側から「低・中・高」と並び、y軸にデータの数量が示される。

　確率分布の代表が、「正規分布」「対数正規分布」「べき分布」などだ。それぞれの詳細は次節に説明するが、日本人の身長や、全国模試の点数などは正規分布に分類される（図1-8）。所得分布は対数正規分布に、さまざまな自然現象や株価、為替レートなどビジネスに関わる現象は、べき分布に分類される。

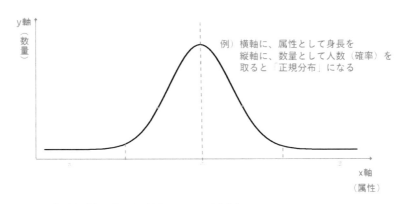

図1-8：「正規分布」は最も広く利用されている確率分布の1つ

確率分布は、データのみに基づき、あくまでも客観的なものである。筆者が講演やプレゼンテーションなどでホワイトボードを使って説明する際は、必ずと言っていいほど正規分布を使う。18〜19世紀に、自然現象における偶然性を支配する唯一のモデルとして正当化された。自然界における、あらゆるものの寸法や、製品の仕様など、多数の独立した現象が正規分布に当てはまる。グラフの形は、中央が最も高く左右対称な「釣り鐘型」である。

　統計学では、正規分布の左右の"端"に入ったサンプルは"偶然の産物"とみられ、棄却され捨てられてきた。左右の端に入らない平均値周辺のデータが重要だとして採択される。これを「優位性検定」と呼び、客観性が高いと言われてきた。

　ところが最近は、左右の端に入った内容が、ビジネスでも社会生活でも大きな影響を及ぼし始めている。加えて"全体"が従来と比較にならないほど不安定になっている。ここでいう不安定とは、量が刻々と増え、常に変化し、形式もバラバラということだ。

　つまり、量が増える＝Volume（ボリューム：量）、変化する＝Velocity（ベロシティ：速度）、形式が多彩＝Variety（バライエティ）と、ビッグデータの"3V"の要件を満たしている。これにValue（バリュー：価値）を付加するためには、統計とは違う考えが求められる。要は「結果」が分からず「原因」から試行錯誤で導きだす、確率などによる『順問題』である。

GoogleやMicrosoftなどが積極採用する「ベイズ推定」の研究者

　逆問題・順問題を問わず、問題を解くには、どう解くかという手法である「アルゴリズム」と、問題を数式に置き換える「モデル化」が必要になる。ビッグデータが増え続ける今のデジタル時代に適応したアルゴ

リズムの1つがベイズ推定だ。

　ベイズ推定は、英国で18世紀初頭に生まれた牧師であり数学者のトーマス・ベイズ氏が考えた「ベイズの定理」に基づいている。サンプル数が少なくても新しいデータで修正できるのが特徴だ。米Amazon.comはネットショッピングやクレーム処理に利用している。ほかにも、AI（人工知能）における機械学習（Machine Learning）、自動運転、スマートフォンの音声解析など多くのビジネスに適用されている。

　米Microsoftの創業者であるビル・ゲーツ氏は2001年に『21世紀のMicrosoftの戦略はベイズのテクノロジーだ』と言っていた。その影響があってかMicrosoftやGoogleなどでは、ベイズ推定の研究者を積極的に採用してきた。

　ベイズ推定を簡単に説明すれば、主観的な考えで条件を設定し、不安定な全体から抽出した安定した小さなデータ群に対し、専門家が条件を付けながら答えを求めていく手法だ。随時、データを更新し、条件設定を繰り返し、事実を補正することで"真実"に近づけていく（図1-9）。

図1-9：不明確な領域へのアプローチは"主観的"になっていく

　ベイズ推定を使った手法には2つの段階がある。1つが"学習"する段階である。推論モデルを試行錯誤により『順問題』で構築していく。もう1つが"推論"する段階だ。学習段階で作られた推論モデルから『逆問題』で解いていく。取られたデータを推論モデルと照らし合わせる。

　たとえば、自動車の衝突回避では、学習段階で演算することで、周囲

の移動体を把握し現在地を確認する。その後、推論段階で制御することになる。学習段階は、より多くのコンピューター資源を使う。後述するGoogleのTPU（Tensor Processing Unit）も、第一世代は推論段階専用に限られたが、第二世代は学習と推論の両段階で使えるように進化した。

主観的な推論により"真実"に近づく

　筆者は、ベイズ推定を以下のように利用する手法だと考えている。「未知の不確実なものを推定する場合に使う。得体の知れないものでも、確率がゼロではない限り、真実の解明に役立つ。主観的であると同時に現実的な手法なので、分析者が諦めずに追究すれば、隠れた何かがあぶりだされてくる。実際、現実社会には従来の統計学のような綺麗な確率は存在しない。創造力・想像力が必要な時代では分析者のセンスが試される。不明確・不鮮明なものを解明する場合や代替案の選択で効果を発揮する」

　ベイズ推定では、最初に主観で確率を設定する。これを「事前確率」と呼ぶ。あくまでも主観で決めたものなので、実際の観測データで補正していかねばならない。ベイズの定理で補正した結果を「事後確率」と言う。

　事後確率 ＝ データの尤度（ゆうど）　×　事前確率

　ここで「尤度（ゆうど）」とは、観測データに基づいた仮説の正しさの確率である。たとえば、「迷惑メールを推定する」としよう。筆者の経験値から事前確率（すべてのメールの中で迷惑メールである確率）を30%とする。取得されたメールに「迷惑メールであるかどうか」の印が最初から備わっていればと便利だが、そんなものはない。

　そこで迷惑メールの条件を自ら考える。ここでは、メールが「URL付きか、どうか」を条件とする。実際に、観測データで補正することで、事後確率が72%になったならば、「送られてきたメールがURL付きなら、

72%の確率で迷惑メール」ということになる。

　迷惑メールであると筆者が設定した事前確率の30%が、条件を設定し、実際のメールを観測したことで事後確率が72%になった。確率が2.4倍（=72%÷30%）に上がっている。この「2.4」という数字が尤度である。これは、条件を入れることで2.4倍に確率の信頼性が増したことになる。

　このように、意味不明の領域で主観的に設定した事前確率は、実際に取られた観測データで補正することで事後確率を求められる。条件を新たに付け加え、繰り返せば精度が高まっていく。迷惑メールの推定では、たとえば、「送られてくる曜日や時間帯」「メール送信元のドメイン」などの条件を付ければ良い。これを利用して作られているのが、迷惑メールフィルタリングである。

多彩な適用範囲、高い計算能力をGPUに求める

　こうしたプロセスを踏むためベイズ推定は、かつての統計学の教科書では、「最初に経験的な確率を自ら設定するため、あいまいすぎて科学性に欠ける」とされた時期があった。だが、それも今は、幅広い分野に適用されている。事例や試行中の取り組みは表1-1のように多彩である。

　ベイズ推定を応用するには、高度な積分計算が必要になる。コンピューターの処理能力が低い時代には使い道が少なかった。それが最近はITが飛躍的に進化し、ベイズ推定を応用できる環境が整ってきた。コンピューターで1秒間に100万回もベイズ推定を使って計算することで自動車の衝突回避やロケットの制御などを判断している。

　その流れで注目が高まっているのがGPU（Graphics Processing Unit：画像処理装置）である。一般的なCPU（Central Processing Unit：中央演算処理装置）と違い、画像処理に特化したプロセッサで、1秒間に30兆〜120兆回を計算している事例もある。Googleが開発している人工知能の深層学習（Deep Learning）専用プロセサの「TPU（Tensor Processing

表1-1：ベイズ推定の用途の例

【分野】	【用途】
ロケット制御	ロケットの軌道を推定
自動運転、衝突回避	周囲の移動体の把握と現在地を確認
迷惑メールフィルタリング	迷惑メールの推定
医療問診	診断という本来的に不確実で間違いの起きやすいプロセスへ応用
TOEFL等のテスト	本来の実力の推定
音声解析、音声合成	未知のデータへの汎化
ゲノム解析	遺伝子情報と塩基配列（GATC：グアニン、アデニン、チミン、シトシンの並び）の関係性の解読
天文学	解明されていない分野への挑戦
心理学	人間のネガティブ、ポジティブな感情を数値化した感情値の把握
創薬	たんぱく質の構造解析
素材	新素材の開発
エネルギー	省エネ研究
セマンティック検索	質問に対する答えの生成
ネット通販でのお薦めメール	購入可能性の高い人の特定
人工知能の深層学習	人間を介さずに、データの特徴量を自動的に抽出

Unit）」は1秒間に1京回の計算ができる。

　客観的な分析方法は、可視化・分類・予測からなる。次節は、そのなかから可視化を見てみよう。

第2章　基本編

2-1 「可視化」でビギナーズラックも Amazonの戦略も理由が見えてくる

業種・業務を問わず、あらゆる現場でデータ分析の活用が求められている。データ分析の厳密な定義はさまざまだ。だが、その基本は、データを並べ替えたり統計処理したりすることで、物事の因果関係や相関関係をあぶり出すことである。主な手法は「可視化」「分類」「予測」の3つ。本節は3つの方法のなかから「可視化」について説明する。

　データ分析の手法には「可視化」「分類」「予測」の3つがある。グラフ、ヒストグラム、確率分布などによって「可視化」し、クラスター分析や主成分分析などにより「分類」する。判別分析やロジスティック回帰分析などで「予測」が可能になる。こうしたデータ分析により、熟練者の経験と勘に頼らない状況判断や機械の故障予知などができれば、意思決定速度の向上や新たなビジネスモデル構築が可能になると期待されている。

ビギナーズラックを説明できる「正規分布」

　まず、可視化について説明する。可視化で、誰もがすぐに思い付くのがグラフである。棒グラフ、円グラフ、折れ線グラフなどが代表的だ。
　縦棒グラフについて考えてみる（図2-1）。横軸（x軸）がデータの属性を表現し、縦軸（y軸）がデータの出現回数である。たとえば、日本人の中学3年生の身長をグラフで表現しようとすれば、x軸が身長で、y軸が人数である。グラフとは、イメージしやすいように数値を絵（縦棒グ

ラフの場合は、棒)で表したものだ。実際に得られたデータのバラつきを表現したものがヒストグラムで、y軸を確率で表すと確率分布となる。この場合、誰もが知っている「正規分布」が現れる。

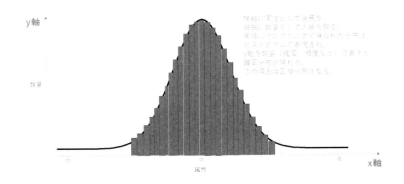

図2-1：身長を表現したヒストグラムと正規分布の関係

　賭け事などでは「ビギナーズラック」が起こる。その理由は、正規分布を見れば理解できるだろう。図2-1のグラフで、x軸を賭け事で勝った金額にすると、右側に行くほど大勝ちすることになる。サンプル数が多くても少なくても、x軸の右側の領域はさほど変わらない。つまり、回数を少なくしたほうが確率的には勝てるということだ(図2-2)。回数を増やせば増やすほど、平均値の真ん中の領域が増えていくからである。これを『大数の法則』という。

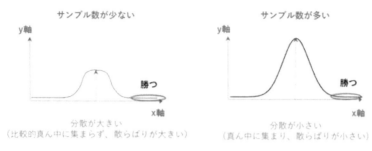

図2-2：ビギナーズラックが起こる理由は正規分布で理解できる

社会現象の歪さを表す「対数正規分布」

　ビギナーズラックなどの正規分布は"足し算"で現れる分布である。これに対し、"掛け算"で現れるのが「対数正規分布」だ。対数とは、10、100（＝10の2乗）、1000（＝10の3乗）、10000（＝10の4乗）、と指数的に増えていく数において、その桁数（10の例では、2、3、4、）を表したものだ。なお、対数正規分布は「正規分布の対数」ではなく「対数を取ると正規分布」となるので注意が必要だ。

　日本人の所得をグラフにすると、左右対称ではなく、右端がゆっくりと0へと収束していく（図2-3）。これを「裾野が重い」と言う。逆に、左端のように急激に0へと収束する状態を「裾野が軽い」と表現する。

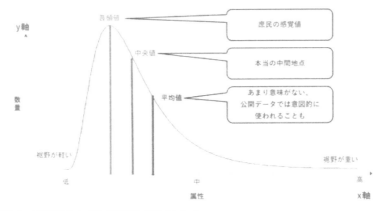

図2-3：対数正規分布では「平均値」に騙されやすい

　このグラフで騙されやすいのが「平均値」だ。平均値だけをみると庶民の実感とはズレがでてくる。注目すべきは、平均値ではなく、「中央値（x軸で最下位とトップの真ん中の値)」や「最頻値（x軸で一番頻度が多い値)」だ。なお、このグラフの数字の対数（log）を取ると正規分布が現れるので、これを「対数正規分布」という。

　筆者の推測ではあるが、所得の場合、経営層など給与が高い人が社員の給与額を決めるため、人工的な要素が加わり、グラフは左右対称ではなくなるのだろう。実際、企業の役員報酬は、利益連動とストックオプションが中心であり、利益を増やし株価を上げることが至上命題だ。従業員の給与を上げようとは考えない。

　自然現象は滑らかなグラフに、人工的な現象は歪なグラフになる。ほかにも、体重の分布などが対数正規分布になる。身長と違って体重は、人工的な要因（やせたい願望など）が強い影響を与えるからかもしれない。

正規分布の「右側」や「左側」が重要になってきている

　最近は世界の資産が集中する傾向が強まっている。米国では、1％の上

位層が40％の資産を占める。あるいは、上位3％が資産の54％を占めるとも言われる。ロシアでは、上位110人が持つ財産が全体の35％を占め、中国では、上位10％が総資産の3分の2を占める。英国のトップ1000人の総資産は、GDPの3分の1に相当するとも言われる。これらは、（対数）正規分布の右側に現れる例であり、それを挙げればきりがない（図2-4）。

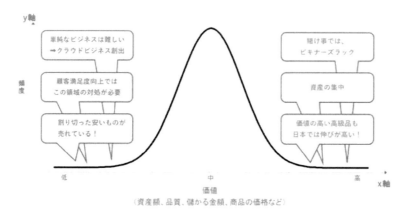

図2-4：正規分布の「右側」や「左側」にビジネスチャンスが潜む

　米国の小売業界でも、2017年の小売店舗の閉鎖件数は、金融危機の2008年の6163店舗を超えて7000店舗以上となった。実店舗を訪れている人の10％が実店舗に行くのを辞めると、小売業界は破滅するとも指摘されている。代わりに付加価値が高い高級品の売り上げは伸びている。各種戦略を立てる場合、（対数）正規分布を参考にするのなら、左右の領域を必ず分析しなければならない。
　では（対数）正規分布の左側は、どうだろうか。ネット上の悪質なクレームは、左側のごく一部の人が炎上を起こし、それが平均値・最頻値のように思わせており、全体像とは全く違うものである。だからリスク管理の手法が、データ分析では不可欠になる。クレーム処理でも、社員のアンケートや顧客満足度調査でも、左側の層をどう扱うかにかかって

いる。

　左側単独の単純なビジネスは難しい。小売業界で言えば、付加価値がなければ価格は思い切って安くするという割り切りが大切だ。あるいは、正規分布の左側をまとめて大きなパワーにするビジネスモデルを創出しなければならない。最近、注目を集めるビジネスは、これに尽きる。クラウドファンディング、クラウドレンディング、シニアクラウドといったクラウドビジネス（crowd business）が、その代表だ。

AmazonがWhole Foodsを買収した理由

　米国ではAmazon.comが新規に参入する業界で波乱が起きている。これを「アマゾンパニック」と呼ぶ。そのアマゾンの戦略も正規分布から読み取れる。

　x軸を消費者の資産額や購入額とすると、x軸の左側の層は「価格」を、x軸の真ん中は「便利さ」を、x軸の右側は「鮮度」を追求していると言える。Amazon.comが、商品の新鮮さをウリにする米Whole Foodsを買収したのは、これまでの価格や便利さをウリにするだけでなく、x軸の右側も攻めている証拠なのだ。

　かつて存在しなかった新商品も、出現してすぐは正規分布のx軸の右側に位置する。それが時間とともに、真ん中になり、それから左側に移っていく。その際、正規分布の真ん中に入るスピードは坂を上るようにゆっくりで、それから左側に行く際は、まさに下り坂を猛スピードで降りるごとく急である。

　同様に、メーカーが作り出す新商品やサービスを消費者が購入する場合、正規分布の右側から左側へ、「イノベーター（革新者）」「アーリーアダプター（初期採用者）」「フォロワー（初期大衆）」「レイトフォロワー（後期大衆）」「ラガード（採用遅延者）」が並ぶ。

　当然、現在のビジネスの中心は平均値の周りの95％であるのは事実で

第2章　基本編　35

ある。売れ筋商品が売り上げの根幹をなす。そうでなくても、得意客からのリピート率が高ければ、商品ラインからは外れない。ただ未来を予見し、データによるイノベーションを起こすには、左右の5％にも注目しなければ真実は見えない。

裾野に隠れた真実を表す「べき分布」

このように（対数）正規分布におけるx軸の右側の裾野には、ケタ違いの変動が潜んでいる。様々な自然現象や、社会現象、ビジネスの世界での大きな動きなどである。

ただ「正規分布が常に有効ではない」ことは、最新の金融工学を駆使し莫大な利益を上げてきたファンドの破たん例にも表れている。理論上は、めったに起こらないような変動によって、巨額の損失を出してしまう。平均値や最頻値の周りの95％はあまり役に立たず、上位4〜5％の動きで、すべてが決まってしまう現象である。株価や為替の動きが、まさに当てはまる。株価や為替レートは、上位4〜5％の売り買いでが決まるのだ。

自然現象でも月のクレーターを、そのサイズが大きいものの順に並べると現れるのが「べき分布」である（図2-5）。

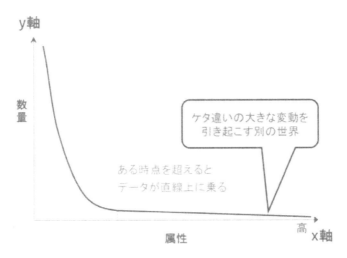

図2-5：まれにしか発生しない自然現象などは「べき分布」にならう

　たとえば、床に落ちた花瓶や割れたガラスの破片を分類すると、5つ程度の大きな破片と、複数の中小の破片、そして数えきれないほどの細かな破片に分かれる。これまでの世の中は、扱いやすい中小の破片だけを取り扱ってきたが、データ分析で大切なのは、5つ程度の大きな破片を見つけることである。

　これも経験的なことだが、興味深いことに、自然に割れたモノは正規分布に、意図的に割ったモノは対数正規分布になる傾向がある。いずれにしても、x軸の右側をいかにあぶり出すかが重要なのだ。

局所点で起きやすい「ポアソン分布」

　筆者は数学科出身だが、大学時代に統計学で出てきて忘れない分布が1つある。ポアソン分布だ。元々は戦争で兵隊が馬に蹴られて死ぬ確率を表した分布だ。数学が賭け事や戦争など人間の感情に密接に関連していると実感するきっかけになった。

ポアソン分布は、めったに起こらないが、起こるとある時期に固まって起きやすくなる現象である。逆に、起こらないとかなり長い間起きないという傾向もある。昔から「天災は忘れたときにやって来る」とはうまく表現したものだ。

　ビジネスでも積極的に使われ始めている。ビッグデータ以前は、ポアソン分布を使うほど大したデータ量もなかった。それが最近は、IoT（Internet of Things:モノのインターネット）などデータの爆発的な増加により、ビジネスでも使う価値が出てきた。自然現象では、一定の時間・距離の中で偶然に起こる事象の数の分布に用いられる。

　最近は、宝くじ付きの預金も多く、高額宝くじが当たったといって新規の口座開設を勧誘している金融機関も少なくない。確かに、局所点の考え方からすれば、その銀行から当たりが続けて出る確率は低くはない。ただ、勧誘されてから口座を開いても、すでに局所点の時期を過ぎている場合がほとんどである。その意味で、局所点のような塊（クラスター）を素早く見いだし、いかに予測するかが鍵になる。

　次節は、可視化に並ぶ分析方法である「分類」と「予測」について述べる。

2-2 「分類」の手法を誤ると正しい姿は見えてこない

データ分析の主な手法は「可視化」「分類」「予測」の3つである。前節は、これら3つの手法のなかから「可視化」について説明した。本節は、分析の手法の「分類」について説明する。

データ分析の主な手法のうち、「分類」と「予測」によって結果を得るまでの通常の手順は、概ね以下の5つである。いずれも数学的な考え方が求められる。

手順1：分類によって当たりをつける
手順2：対象を絞り込む
手順3：予測によって影響度を測る
手順4：先を読む
手順5：効果を検証する

データ分析時には、これら手順の繰り返すことで、ビジネスリーダーが真に知りたい結果を導き出さねばならない。本節は、手順1と手順2について述べる。

手順1：分類して"当たり"をつける

データを群（グループ）に分ける、あるいは並び替えるには、当然ながら基準がいる。これが列（属性）であり、性別や年齢層、年収など様々な分け方がある。必要な列は新たに作らねばならない。データを似通っ

第2章 基本編　39

たグループに分けることは、マーケティング戦略のセグメント分析でもよく使われてきた。

このように分類は、数学の理論がベースになっている。ビジネスのためのデータ分析では、クラスター分析、主成分分析、因子分析が役に立つ。以下で述べるクラスター分析、主成分分析、因子分析は、多変量解析と呼ばれ、様々な要因から結果を導く手法である。多変量解析は計算負荷が大きく、手計算では極めて困難である。コンピューターの発展により、比較的容易に実行できるようになった。

クラスター分析は、クラスタリングとも呼び、質的な基準で似通ったグループに分けていく（図2-6）。クラスターとは、群・グループ・塊・仲間のことで、データの中から、ある「列」でまとめられる集団を指す。

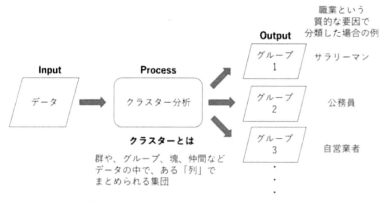

図2-6：「クラスター分析」でグループに分ける

たとえば、ある市町村の住民を職業という「列」で分けていくと、グループ1がサラリーマン、グループ2が公務員、グループ3が自営業者などになる。膨大なデータから関係の近い情報に分類できるので、顧客分析で使われるケースが多い。

データを量的に評価・分類する主成分分析と因子分析

　主成分分析と因子分析は、いずれもデータを量的に評価し分類する。ただし両者の考え方は、まるで違う。例を挙げたほうが分かり良いだろう。高校生が全国レベルの模試を受験したとする。結果は、数学が比較的簡単で平均点が100点満点中の80点、国語は逆に難しく平均点が30点、英語の平均点は50点だった。

　ここで、数学が得意な鈴木君と、国語が得意な佐藤君の結果は次の通りだったとしよう。

　鈴木君：数学100点、国語20点、英語50点。合計170点
　佐藤君：数学50点、国語40点、英語50点。合計140点

　単純に合計点だけで順位を出すと、平均点すなわち学科による難易度が考慮されないので、明らかに不利な生徒が出てくる。この場合に役立つのが主成分分析である（図2-7）。教科ごとに重み付けをして合成得点を出す。

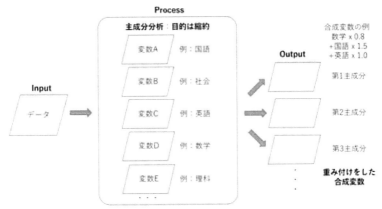

図2-7：「主成分分析」でデータを縮約し正当に評価する

仮に合成得点を以下のようにしよう。

合成得点 ＝ 数学 × 0.8 ＋ 国語 × 1.5 ＋ 英語 × 1.0

　すると、鈴木君の合成得点は160点、佐藤君は150点になる。合成得点を出す際に計算した式を「合成変数」と言う。最初に生み出された合成変数が第1主成分、続いて第2主成分、第3主成分になる。

　主成分分析の目的は「縮約（しゅくやく）」である。一般的には、比較的長い文章や語句、表記を短くまとめるという意味だ。データ分析の場合は、たくさんの変数があるときに、複数の変数をごく少数の項目、つまり合成変数（上記の例では合成得点）に置き換えることで、データを解釈しやすくすることである。模試の例でいえば、単純な合計点ではなく、重み付けした合成得点で量的に評価することで結果を公平に比べられる。

　これに対し因子分析では、データからは直接には観測できない要因を推論して考える（図2-8）。これを「潜在因子」と言う。先の模試でいえば、「文系」と「理系」の2因子、あるいは「読解力」と「抽象化」と「計算力」の3因子が、潜在因子として考えられる。複数の変数に影響を与える因子を「共通因子」、ある変数にのみ関連する因子を「独自因子」という。

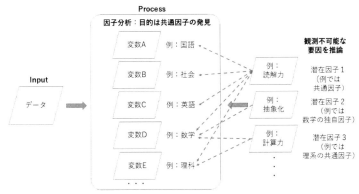

図2-8:「因子分析」でデータから直接観測できない要因を抽出する

　因子分析の目的は共通因子を見つけることである。これにより、理系・文系の振り分けや、各学生が強化すべき重点項目の洗い出しが可能になる。食品や飲み物の開発、人の心理を図る尺度として使われるケースが多い。

採用面接における因子分析の効果

　因子分析の活用例として、筆者が実施している採用面接を紹介しよう。面接は、30分や1時間程度では、その人となりは分からないものである。外見や発言、表情だけなら、いくらでも演技ができる。クラウドコンピューティングが登場した2006年頃からは、人に求める選択肢が格段に増え、考え方も多様化した。ITエンジニア、コンサルタント、データ分析者などの職種によって、求める因子は異なるため、科学的に評価できるように因子分析が有効だと考える。

　筆者の面接ではまず、独自に作成した質問票に回答してもらう。その結果と、「知的好奇心」「外向性」「協調性」「良識性」「情緒安定性」「異

常度合」「建前度合」の7因子を結び付けることで、面接者の適性を数値化し量的に評価するのだ。

候補者には何気ない質問を70〜100問程度出し、紙に「はい」か「いいえ」で答えてもらう。候補者の能力を測るというよりも、採用する側との相性や隠れた特性をあぶり出せる内容になっている。回答を分析すると、興味深い結果に出会える。

たとえば、上記の7因子と候補者の名字との相関関係が出たり、面接での強気の発言とは異なる、ひ弱な像が浮かび上がってきたりすることも少なくない。実際、違和感を持って採用した場合には、分析結果に近いものになる。期待を裏切る、あるいは予想に反して良かった場合は、因子分析で使った質問票を修正する。公開されている手法をカスタマイズして使うことも大事だが、それよりも継続して補正していくことが大切である。

ちなみに、5つの因子で性格を分析する手法は「ビッグファイブ（特性5因子モデル）」と呼ばれている。ビッグファイブは、ルイス・ゴールドバーグ氏が提唱した手法で、「人間が持つさまざまな性格は5つの要素の組み合わせで構成される」とするものだ。5つの因子とは、「神経症傾向」「外向性」「経験への開放性」「協調性」「誠実性」である。

手順2：対象を絞り込んでいく

クラスター分析などで傾向をつかみ分析対象を絞り込んでいく過程では、クロス集計も頻繁に使われる。2つ以上の属性で絞り込んでいく手法だ。クロス集計は、分析では必ずと言えるほど使われる基本的なもので、本格的な分析の前の要約では貴重な手法である。

通信販売の顧客の絞り込みを例にとれば、以下のような条件でクロス集計する。

・30代の会員

・女性

・過去1年間に3回以上購入

　これら3つの条件に合う会員が5000人いたとする。さらに次の条件でクロス集計する。

・スマホで購入

・1回の購入金額が1万円以上

　これで対象は、たとえば300人に絞り込め、実態が浮かび上がってくる。アンケート調査でも、よく使われる。ただ、注意も必要である。アンケート調査や世論調査が当たらなくなっているケースがあるからだ。英国がEU（欧州連合）からの脱退を決めた「Brexit（ブレグジット）」や、2016年の米大統領選でのトランプ氏の勝利などが記憶に新しい。

　調査が外れる大きな理由は、(1) 調査では人間の感情の強弱が分からない、(2) 質問に対する答えしか分からない、(3) 人は嘘をつく、ことである。アンケート結果や世論調査で出てくる事実だけでなく、裏に隠された真実を見抜かねばならない。

　分類によって絞り込んでいく手法には「決定木分析」がある（図2-9）。用途は分類だけでなく、予測や判別と幅広い。具体的な顧客層を描きたいときに頻繁に使われる。

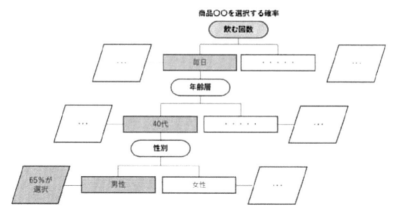

図2-9:「決定木分析」で絞り込む

　たとえば、缶コーヒーの顧客像を分析する場合、決定木分析を適用しないならば、市場調査のデータなどから全種類の缶コーヒーから「○○缶コーヒーを選択する確率は25％」などと割り出すしかない。決定木分析を適用すると、属性を頻度、年齢、性別に分けることで「缶コーヒーを毎日飲む40代の男性の中で、○○缶コーヒーを選ぶ人は65％」といった結果が得られる。あいまいな顧客層ではなく、より明確な顧客層が浮かび上がってくるわけだ。
　次節は、手順3の「予測」について述べる。

2-3　データに潜む関連性を見いだし将来を予測する

データ分析の主な手法は「可視化」「分類」「予測」の3つである。これら3つの手法のうち、前々節に「可視化」を、前節に「分類」について、それぞれ説明した。本節は最後の手法である「予測」について説明する。

　本書では、データ分析の手順として以下の5つを挙げ、これまでに分類によって当たりをつけ分析対象を絞り込むところまで説明してきた。

手順1：分類によって当たりをつける

手順2：対象を絞り込む

手順3：予測によって影響度を測る

手順4：先を読む

手順5：効果を検証する

　本節は手順3〜5の予測から効果の検証までを取り上げる。特に、数学的な視点による予測と検証の方法をみてみたい。数学は、「必要としない産業はない」と言われるほど応用範囲が広く、様々な産業・業務で活用されている。

手順3：予測して影響度を測る

　データ間の因果関係は、いきなりは分からない。だが相関の強弱は「相関分析」で分かる。一方のデータ（x）が増えると、同様に他方のデータ（y）も増える関係が"正の相関関係"。逆に、一方のデータが増える

と他方のデータが減る関係が"負の相関関係"である。どちらでもない場合を「相関関係がない」という。

相関関係の強弱は「相関係数」と呼ぶ数字「-1 ～ +1」で表す。「-1」に近いほど負の相関関係になり、「+1」に近ければ正の相関関係になる。経験的にいえば、「-0.2 ～ +0.2」だと相関関係がないといえる。

相関関係を表すデータが散らばったグラフが「散布図」である（図2-10）。グラフの原点からみた縦と横の距離が「座標」である。この散布図から観測データの関係性をグラフ化し、$y = ax + b$ や $y = cx_1 + dx_2 + e$ のような数式に置き換える作業が回帰分析である。数式といっても、原因（x）から結果（y）を求めるのだから函数である。

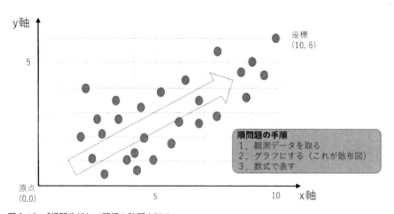

図2-10：「相関分析」で関係の強弱を知る

回帰分析の流れは以下の通りだ。
(1) 観測データを取る
(2) グラフにする
(3) 数式 $y = f(x)$ で表す

順問題について数学では、グラフの問題を数式（函数）で解く。あるいは、逆問題について、数式（方程式）の問題をグラフで解く。この学

問を「解析幾何学」という。著名な数学者であるデカルトとフェルマーが、その創始者とされている。

数学には3つの"王道"がある。代数、幾何、解析だ。代数は、数字と文字式を、幾何は形と図形を、解析は数式を扱う。解析幾何学は、これら王道の2つを結び付けているところが凄い。そこでのキーワードは座標であり、数式と図形を結び付ける働きをしている。データ分析者は、この基本を最低限押さえなければならない。

犯罪捜査にも使われているロジスティック回帰分析

それでは散布図に現れた回帰分析を説明しよう。通常、回帰分析により、「結果（目的変数と呼ぶ）」に対して様々な「要因（説明変数と呼ぶ）」の影響度を測れる（図2-11）。説明変数が1つであるものを「単回帰分析」といい、説明変数が複数ある場合は「重回帰分析」と呼ぶ。前述の例では、説明変数が「 x 」という1つの場合が単回帰分析、「 x_1、x_2、」と2つ以上ならば重回帰分析になる。

図2-11：「回帰分析」で因果関係をあぶり出す

ビジネスの現場では重回帰分析がよく使われる。保険などでは特に駆使されてきた。年齢や年収、扶養家族の数などに対する結果を見れば、影響が大きい要因が分かる（図2-11では購入額という結果）。

この結果を2値にしてみる。たとえば、商品購入の有無について考えてみる。買った場合を「1」、買わない場合を「0」と、それぞれ2進数のデジタル情報にする。そうすると要因の影響度が大きいもの、小さいものがあぶり出される。購入者を職業・性別・趣味という要因で分け、購入への影響度の大小で要因を表せば、「新たな会員が当該製品を買うか買わないか」を予測できる。

　これを「ロジスティック回帰分析」という（図2-12）。いくつかの情報から別の情報を統計的に式で導き出す手法だ。警察での犯罪捜査であるプロファイリングでも使われ、犯人像をデジタル情報化できる。犯行現場から取得されたデータで犯人の特徴を割り出すために使用される。

図2-12：影響度を知る「ロジスティック回帰分析」

　「円仮説」という地理的プロファイリングもある。これは、犯行現場の最も遠い2点を結んだ線を直径として描いた円内に、犯人の自宅もしくは職場があるという説だ。この方法を用いれば犯人を予測しやすくなる。捜査担当者の先入観が入らない分、客観的な分析となる。
　さらに「ロカールの法則」もある。犯罪者が現場に証拠を残すと同時に、犯罪者自身にも証拠が残るというものだ。たとえば、犯人が現場に足跡や髪の毛などを残すと同時に、犯人の靴の裏に土をつける。あるいは、被害者の指紋が犯人のジャンパーにつくようなケースだ。このよう

なデータも要因とすれば、より予測の精度は高まる。

　そういえば最近、筆者は自転車に乗っていて生まれて初めて職務質問を受けた。若い警察官自身も「初めて職務質問した」という。その警官が、誰に職務質問しているかを陰から観察してみると、「自転車に乗った男で、黒いジャンパーを着た人」を条件に、特に「黒いジャンパー」で"当たり"をつけようとしたようだ。データ分析においても、このような的外れな"当たり"をつけることが多々あるかと思うが、これを回避するには何よりも経験が必要になる。

手順4：予測して先を読む

　「判別分析」の場合、多くのサンプルデータから推論モデルを構築する（図2-13）。文字どおり、このモデルによって判別を下す。商品購入者の分析では、年齢・年収・扶養者の数・職業・性別・趣味などの要因から推論モデルを作れば、新たに入力されたデータを判定し、ヘビーユーザーかどうかを判別できる。米Googleの猫を判別する画像認識の場合、新たに入れたデータを判別し、「猫である」「猫ではない」と分けていく。このようにAI（人工知能）を絡ませていくと機械学習になっていく。判別分析で一番肝になるのは、推論モデル構築時のアルゴリズムということになる。

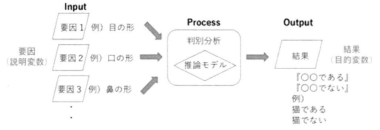

図2-13:「判別分析」は機械学習へつながっていく

　判別分析と比較される手法に「MT法」がある。たとえば、ある疾病になる恐れがあるかどうかを予測する。判別分析では、その疾病でない人々は似通っているとみる。同様に、その疾病にかかった人々も似通っているとみなす。それがMT法では、疾病でない人々は似通っているとする点は同じだが、その疾病にかかった人々は同集団とみなさず"十人十色"という前提に立つ。

　なお、本節で述べた、相関分析、重回帰分析、判別分析、ロジスティック回帰分析、MT法も多変量解析である。多変量解析は、分類から予測まで幅広く使える。

手順5：効果を検証する

　分析は地味で地道な作業である。分からないことを知るために、クラスター分析、主成分分析、因子分析等によって分類して、ある程度の"当たり"をつけ、クロス集計等で対象を絞り込んでいく。その際にデータの差がバラつきによって偶然生じたものかどうか判断するために検定をしたり、データ量が大きければz検定をする場合もあるだろう。次に重回帰分析やロジスティック回帰分析で"影響度"を測る。これにより方向性が見えてきたら判別分析で先読みをする。最後に、効果を見るために検

証する。

　検証によく使われるのが、1-2で述べたランダム化比較試験の考えを礎にした「A／Bテスト」である。分析の結果、A案とB案の2つの案が出たとする。2つのグループに無作為にA案とB案を割り当て、それぞれのグループで検証した後に効果がより大きかった案を採用する。たとえば、商品の価格を税抜き、税込みいずれのパターンで表示するのが良いかをA／Bテストで検証すると、「税込み表示だと売り上げは平均8%低い」という実験結果が得られたという報告もある。

　経済学は実験が難しい学問である。だがそれも、A／Bテストに代表されるランダム化比較試験によって検証されるようになった。A／Bテストは特にネットの世界で頻繁に利用されている。2008年の米大統領選では、オバマ候補への寄付金やボランティアの増加に、このA／Bテストが貢献している。また米国のクレジットカード会社は、1年間に3万件近いA／Bテストを実施している。勘に頼るよりも、データ分析に賢明に取り組むことで、ビジネスや選挙の戦略を立てているわけだ。

　現場におけるデータ分析は、可視化・分類・予測・検証の作業の繰り返しが基本である。次節は、主観的な分析方法である「ベイズ推定」について例題を解きながら具体的に述べたい。

第2章　基本編　53

3

第3章 応用編

3-1 未解決な事象の分析に威力を発揮するベイズ推定

1-3で、ビッグデータの時代に有効な分析手法として「ベイズ推定」を挙げ、その概要を述べた。随時、データを更新しながら、条件設定を繰り返し、事実を補正することで"真実"に近づけていく方法である。本節は、例題を解いてみることで、ベイズ推定の理解を深めていきたい。

2-2で、分類・予測・判別を目的とした決定木分析について説明した。より具体的な顧客像を描き出したときに頻繁に利用する。

たとえば、市場の調査データなどからも「全種類の缶コーヒーの中で、その商品を選択する確率は25％」と割り出される。これに対し、決定木分析を使って、属性を「頻度」「年齢」「性別」にすれば、「缶コーヒーを毎日飲む40歳代の男性のなかで、その商品を選ぶ人は65％」といった結果が出てくる。あいまいではない、より明確な顧客層が浮かび上がってくる。

ただし、ここまでは従来の分析手法だ。上記の「25％」「65％」が明確にデータとして取れればよいが、母集団が増え続ける不安定なデータの中では、そこまで"きれいな数字"は存在しない。そこで出てくるのがベイズ推定である。ベイズ推定であれば、不確実な領域に主観的に確率を求め、それを実際に観測されたデータで補完しながら真実に近づいていける。

「ベイズの定理」の数式に惑わされない

ベイズ推定の基になっている「ベイズの定理」は次の数式で表される。

$$P (A|B) = \frac{P (B|A) \times P (A)}{P (B)}$$

この数式をみただけで、難しく感じてしまう方も少なくないだろう。完璧に理解できなくて構わないので、まずはこの数式を簡単に説明だけしておく。

ある事象Aが起こる確率を「P（A）」と書く。Pは「Probability（確率)」の頭文字だ。適切な解答をいきなり求めるのが難しい場合は、代わりに条件を設定する。この条件をBとすると、条件Bが起こる確率は「P（B）」と書ける。

このとき、事象Aが起こる中で条件Bが起こる確率を「条件付き確率」と呼び「P（B|A）」と表す。そのときに求めたい確率を「事後確率」と言い「P（A|B）」と書く。これらの関係を表したのが、上の数式になる。

このベイズの定理を、思考のステップで表すと次のようになる。

Step1：主観的に事前確率P（A）を設定する
Step2：事象Aをあぶり出す条件としてBを創出する
Step3：観測データから条件付き確率P（B|A）を知る
Step4：同様にP（B）を条件ごとに計算する
Step5：ここまでの結果から事後確率P（A|B）を獲得する

数学的な説明はここまでにして、ベイズの定理を利用する目的である主観的な推論の手順から考えてみよう。主観的な推論の手順は以下である。

手順1：仮説を立てる
手順2：知りたいことをAとする。
手順3：そのままではAが分からないので、代わりに条件Bを設定する

第3章 応用編 57

手順4：取得された観測データで補正する

迷惑メールが届く確率をベイズ推定で解いてみる

例を挙げたほうが分かりやすいので例題も付け加えてみる。

【例題】
A（知りたいこと）：送られてきたメールは迷惑メールかどうか？
B（条件）：メールに「URL」が含まれている

送られてくるメールに「迷惑メールであるかどうか」の属性が最初から備わっていれば便利だが、そんなことはあり得ない。そこで迷惑メールの条件の1つとして「メールにURLが含まれている」ことを考えた。この「URL付きかどうか」を条件Bとする。これらの求めたい確率と条件とを、実際に取得できた観測データに付け足していく（図3-1）。

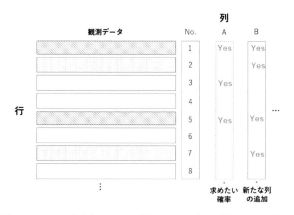

図3-1：「迷惑メールかどうか」を知るために、観測データに「URL付きかどうか」といった条件を"列"として付与していく

図3-1の観測データを、追加した列の属性別にまとめ直すと図3-2のようになる。

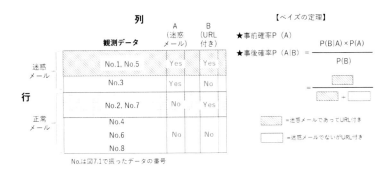

図3-2：観測データを列の属性別に並べ換え4つの領域に分ける

　図3-2において求めたい答は、「迷惑メールでURL付き」のデータ数（斜め線の部分）を、「迷惑メールでURL付き」（同）と「正常メールでURL付き」（格子線の部分）を加えたデータ数で割ったものである。

　実際に数式で問題を解くためには、図を少し変形させたほうが計算が容易になる。ロジカルシンキングの「MECE (Mutually Exclusive Collectively Exhaustive)」の考えから具体的には、漏れや重複がないように4つの事象に分ける（図3-3）。

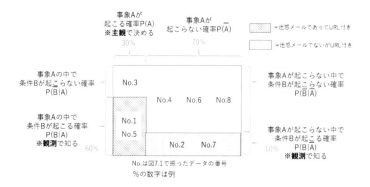

図3-3：高度に計算するために4つの領域を変形する

主観的な確率が条件と観測で精度が高まっていく

それでは、例題を解いてみよう。

Step1：迷惑メールである確率P（A）を主観的に決める

Step2：Aをあぶり出す条件として、メールに「URL付きかどうか」を条件Bとする

Step3：迷惑メールがURL付きの確率であるP（B|A）が観測データから容易に求まる

Step4：当然ながら正常メールにもURL付きは存在する。そのため正常メールの中でURL付きの確率を観測で求め、URL付きである確率P（B）を計算する

P(B) ＝ 迷惑メールの中でURL付きの確率 × 迷惑メールである事前確率

　　　　＋ 正常メールの中でURL付きの確率 × 正常メールである事前確率

　　　＝ ｛P（B|A） × P（A） ＋ P（B|Ā） × P（Ā）｝

なお、Aではない事象を余事象といい「Ā」で表す。

Step5：メールの中で「URL付きの確率」であるP（B）に対し、迷惑メールの中でURL付きの確率であるP（B|A）×P（A）の比を求める

より具体的になるよう実際に数字を入れてみよう。筆者の経験から、迷惑メールである確率を30%、正常メールである確率を70%と設定する。筆者の元に届いている実際のメールから、迷惑メールの中でURL付きは60％と観測できた。同様に実際の正常メールを観測すると、URL付きは10%だった。

Step1：迷惑メールである事前確率P（A）は、筆者の経験から30%（主観による設定）

Step2：迷惑メールの条件を「URL付きである」とする（分析者が条件を創出）

Step3：迷惑メールの中でURL付きである確率P（B|A）は60%（観測による結果）

Step4：正常メールの中でURL付きである確率P（B）を計算する

P（B）　＝　｜P（B|A）×P（A）＋P（B|Ā）×P（Ā）｜

　　　　＝ 60% × 30% + 10% × 70% = 25%

Step5：URL付きで迷惑メールである事後確率P（A|B）を計算する

P（A|B）＝P（B|A）×P（A）／P（B）

　　　　＝（60% × 30%）÷ 25% = 72%

これにより、送られてきたメールがURL付きならば、72%の確率で迷惑メールだという結果が得られた。迷惑メールであると筆者が設定した事前確率は30%だったが、条件を設定し、実際のメールを観測したことで事後確率は72%になった。つまり2.4倍（＝72% ÷ 30%）に上がっている。

この「2.4」という数字が、1-3で説明した「尤度」である。言い方を変えれば、条件を入れることで精度が2.4倍に高まったことになる。

条件が複数になっていけば積分の力を借りる

このように、意味不明の領域で主観的に設定した事前確率は、実際に取られた観測データで補正することで事後確率として置き換えられる。条件を新たに付け加え、それを繰り返せば精度は高まっていく。

迷惑メールの例では、たとえば「送られてくる曜日や時間帯」「メール送信元のドメイン」などの条件を付ければ良い。この仕組みを利用しているのが迷惑メールフィルタリングの仕組みだった。この考え方は、自動運転や自動翻訳などに応用されている。

例題では、事象「A」と余事象「Aではない」の2つのみである。その場合の計算は単純で図3-4の左側のようにP（B|A）×P（A）を求めればいい。しかし現実社会では、事象が3つ以上の複数になるのが自然である。それぞれを条件設定すると複雑な函数f（x）が現れる。このように条件を増やしていくと図3-4の右側のような複雑な函数になる。

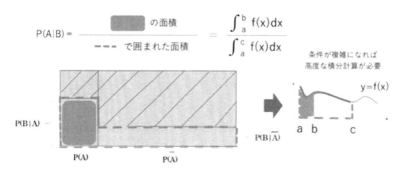

図3-4：変形後のベイズ推定の解は青色の面積の部分。これは積分で求められる

この場合、aとbと函数f（x）で囲まれた面積を求める必要がある。この面積を求めるには積分が便利だ。積分は「∫（インテグラル）」で表す。以下の数式が、aとbと函数f（x）で囲まれた面積を表している。

$$\int_a^b f(x)dx$$

　このように主観による推論を用いれば、未解決の事象の解決に役立つ。事実はそのまま眺めても単なる事実であるが、推論を加えることで真実に近づいていく。　なお、ベイズ推定で得た数値をもとに、決定木分析など従来の分析方法を適用することで幅広い解析が可能になる。

　いかがだっただろうか。単に文章を読むだけでは理解は難しいかもしれない。筆者もベイズ推定に関するワークショップを開いているが、本節で提示したような例題を解きながら、理解を深めることをお薦めする。

　次節は、データ分析の対象について述べる。

3-2　正しい分析に向けデータの特性と関係性のパターンを知る

　これまで、データ分析の主な手法である「可視化」「分類」「予測」の3つについて説明してきた。本節は、データ分析の対象である「データ」そのものについて見ていこう。

　今まで、私たちが分析で格闘してきたのは"特定有限"のデータである。「Trusted Data（信頼できるデータ）」と呼ばれる。社内データや調査機関のデータ、各社がホームページなどで公開しているデータなどが相当する。構造化されたデータが中心である。

　Trusted Dataの特徴は、人間が分析する過程でデータの対象が大きくなっていくことだ（図3-5）。たとえば、自動車部品について分析しようとすると、ある部品データから着手しても、その上位部品と下位部品へと広がっていく。さらには、部品を製造したメーカーや、その部品に関わっているバイヤーやサプライヤーにも広がらざるをえない。

Trusted Data：特定有限データ　∀

◆特徴：分析の過程で大きくなっていく
◆目的：統計仮説検定やベイズ推定等により、
　　　　統計的・確率的な意味で事象やその妥当性を証明する
◆例示：調査会社のデータ、財務データ、企業内の情報、
　　　　企業の発信情報など

図3-5：「Trusted Data（信頼できるデータ）」の特性

これらのデータについて、その関係を結びつけると、部品と部品、部品とメーカー、メーカーとメーカー、部品と新規参入メーカー、部品と代替品などなど、関係性が増えていく。分析する際は、それぞれの辞書を作る必要がある。筆者は「B2B2B構造」と呼んでいるが、3層の関係性がある。データが構造化されているが故に、つながりをたどりやすく、対象が広がっていくと言えるだろう。

ビッグデータ時代が生み出した「Any Data」

　Trusted Dataに対し、ビッグデータという言葉が登場してから注目を浴びたのが"不特定無限"のデータである。「Any Data（さまざまなデータ）」と呼ぶ。ニュースや、フェイクニュース、位置情報、SNS（Social Network Networking）への投稿、囲碁や将棋などが相当する。データの形式を問わず非構造であることが多い。

　Any Dataの特徴は、人間が分析すれば、その過程で対象データが小さくなっていくことだ（図3-6）。たとえば、ニュースであれば、日付という属性で区切れば、5月1日のデータというように小さくなる。人の能力には限界があるので、ある程度の基準でデータを切っていかねば気付きを得られない。

Any Data：不特定無限なデータ　∞
◆特徴：（人が扱えば）分析の過程で小さくなっていく
◆目的：未知の情報を見つける
◆例示：ニュース、位置情報、SNS、
　　　　フェイクニュース　など

図3-6：「Any Data（さまざまなデータ）」の特性

　ところが、AI（人工知能）がAny Dataを分析すると、AIには限界が

ないので分析過程で対象は小さくならず、無限の可能性をもって分析できる。たとえば、囲碁や将棋では人間がAIに勝てなくなっている。これは人が自分の感性で切り取った側面しか見ていないのに対し、AIは多角的に、人間が切り出せない側面を見ているからだ。

加えて、これまでAIは、大量の過去データがなければ考えられないため限界が存在するとされてきたものが、囲碁対局AIの例にみられるように、人間の過去データを学習するのではなく、自己対局によって学習できるようになっている。手元にないデータをAIが自ら創出する段階にきていると言える。

こうした理由から、AIが導き出した答えを人が理解するのは難しい。またAIが、その答えをどのように導き出したかが分からないから、答えが信頼できないとの議論もある。しかし、"本物"のAIが提案する結果には、人には意外性があっても必ず根拠がある。人間は元来、意外性をこよなく愛しており、それが本質だ。いずれAIが提示する意外性を人間は好むことになるだろう。

新しい分析には新しいデータ「オープンデータ」を活用する

いずれにせよ、Any Dataの分析では未知の情報を見いだすことに価値がある。これまでにない新しいことに挑むには、新しいデータも分析しなければならない。筆者が新しいデータとして用いているのが「Open Data（自由に利用できるデータ）」である。

オープンデータとは、誰でも自由に使えて再利用・再配布できるデータだ（3-7）。代表例の1つが、国や地方公共団体、公益事業者などが収集し、組織内で利用したり集計値だけを公開したりしていた情報を公開したデータである。公共交通関連情報、地盤データ、災害関連情報、青果物や水産物の安全・安心情報、橋梁や道路の状況、医療計画などもオープンデータになっている。公開の目的は、新たなサービスやビジネスの

66 | 第3章 応用編

創出だ。

Open Data：誰もが自由に使えて再利用・再配布できるデータ

◆特徴：国や地方公共団体、公益事業者などが
　　　　組織内で利用してきた情報をオープンにしたもの

◆目的：新たなサービスやビジネスの創出

◆例示：公共交通関連情報、地盤データ、
　　　　災害関連情報、橋梁・道路の状況、
　　　　青果物や水産物の安全・安心情報、
　　　　医療計画　など

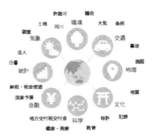

図3-7：Open Data（自由に利用できるデータ）の特性

　オープンデータは、ある程度は標準化され、利用するのに分かりやすい表現であることが望ましい。しかし実際にオープンデータを見てみると、加工されたものが多い。競合他社に対してデータ分析で差別化するには、オープンデータになる前のデータを活用しない手はない。筆者はこれを「プレオープンデータ」と呼んでいる。

　ここで気をつけなければならないのが、収集時期や公開時期が古いオープンデータだ。その利用は、人間にとってもAIにとっても危険である。古い偏見や差別を持った分析結果が生まれる可能性が高い。あくまでも単なる事実として扱うにとどめるほうが良い。真実かどうかは別問題となる。

　政府などが保有し公開したオープンデータなどに対し、最近の経済ニュースなどで頻繁に登場するのが「Alternative Data（オルタナティブ・データ、公開していない非伝統的なデータ）」である。従来から分析されている財務データではなく、衛星データやクレジットカードの明細データなど、新しい領域のデータであり、公開されていないので価値は高い。大勢が、その価値に気付いておらず、分析対象になる前のデータは、非構造化データであることが、ほとんどだ。

データの関係性パターンを知れば分析が容易になる

　自らデータを作成したり整理したりする場合は、その表現方法を知らなければならない。逆に、新しいデータを分析する場合は、観測されたデータの関係性パターンを理解すれば分析が容易になる。

　前節のベイズ推定の説明でも述べたように、データと数学の関係は深い。数学の基本は「変化を知る」「構造を知る」「空間を知る」である。変化は解析、構造は代数、空間は幾何で解いていく。これら3分野は数学の王道だ。だが、統計の領域や集合論が紐解くのは「相関を知る」ことである。

　データの関係性パターンを筆者は、上記の数学を活用して「相関」「変化」「構造」「空間」の4つに分けている（図3-8）。この分け方はデータ分析をするうえでとても役に立つ。本節は、これら4パターンのうち「相関」と「変化」について説明する。

◆相関：主に統計や集合論の領域　　　◆変化：主に解析や経済学の領域
　・集合　　　　　　　　　　　　　　　・展開
　・位置　　　　　　　　　　　　　　　・循環
　・類似　　　　　　　　　　　　　　　・因果

◆構造：主に代数やアルゴリズム論の領域　◆空間：主に幾何の領域

図3-8：データの関係性にみる「相関」「変化」「構造」「空間」の4つのパターン

　「相関」は広義に言えば、「集合」「位置」「類似」の3つに分かれる（図3-9）。

68　　第3章　応用編

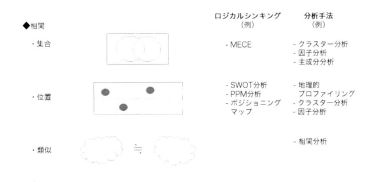

図3-9：データの関係性パターン「相関」の3パターン

集合：集合関係は、2-2で述べた『分類』の手段であるクラスター分析や因子分析、そして主成分分析で作られる。分類の前提に「MECE（ミーシー）：Mutually Exclusive Collectively Exhaustive」という状態が必要になる。MECEは、データを綺麗にするクレンジング段階に目標とする形を示したもので、データに漏れやダブリがないようにしなければならない。MECEはロジカルシンキング（論理的思考）のフレームワークの1つで、論理的に物事を考える場合には必須である。

位置：位置関係は、2-3で述べた『予測』の手段である地理的プロファイリングなどで使われる。ロジカルシンキングでは、SWOT分析、PPM（Product Portfolio Management）分析がある。

　SWOT分析は、「Strengths（強み）」「Weaknesses（弱み）」「Opportunities（機会）」「Threats（脅威）」の頭文字をつなげたもの。自社の長短、内部・外部要因を4つの事象の位置関係で表す良く知られるフレームワークだ。PPMは、ボストン・コンサルティング・グループが開発したフレームワークである。市場成長率とマーケットシェアの2軸で「Star（花形商

品）」「Cash Cow（金のなる木）」「Problem Child（問題児）」「Dog（負け犬）」の4つに分ける。

類似：相関関係を表し、相関分析が用いられる。相関関係を表すデータが散らばったグラフから類似の関係性を探せる。

「変化」は「展開」「循環」「因果」の3つに分かれる（図3-10）。

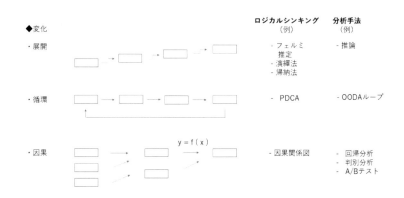

図3-10：データの関係性パターン「変化」の3パターン

展開：物事を延べ広げることだが、3-1で述べたベイズ推定に代表される『推論』が関連する。分からないことを観測データから推論できる。ロジカルシンキングでは、演繹法や帰納法が論理展開の基本になる。観測データがなければ、頭の中にあるデータで考えるフェルミ推定もこの領域といえる。

循環：物事が繰り返されることである。どのように循環しているかの関係性を明確にできる。ロジカルシンキングではPDCAを用いる。ご存知の通り「計画（Plan）」「実行（Do）」「評価（Check）」「改善（Action）」という古くからある考え方だ。ただ最近は、年初に計画したことが数カ月も経たないうちに役立たなくなる。PDCAを素早く回しながら「OODA」という考え方で補強している。

OODAは、「監視（Observe）」「情勢判断（Orient）」「意思決定（Decide）」「行動（Act）」から構成され、環境変化に応じる考え方である。筆者は、OODAの流れである「OODAループ」をデータ分析の方法論として使っている。この詳細は次節以降に述べたい。

　なお、ディープラーニングにより動画を処理する場合、リカレント・ニューラルネットワーク（RNN）という技術を用いる。リカレント（recurrent）は"循環する"という意味だが、時間軸で少し前の情報と現在の情報を統合して分析、つまり、次の流れを予測していく。これも循環の考えで、従来の静止画の分析では求められなかった手法といえる。

因果：要因と結果から因果関係が成り立つこの関係は、函数 $y = f(x)$ で表せる。2-3で述べた『予測』の手段で影響度を測るロジスティック回帰分析や先読みする判別分析と関係が深い。

　次節は、データの関係性パターンの続きとして「構造」と「空間」について説明する。

3-3　データの関係性パターンとしての「構造」と「空間」

前節から、データ分析の対象である「データ」そのものについて考えている。前節は、データの関係性に見られるパターンとして「相関」と「変化」について述べた。本節は「構造」と「空間」を取り上げる。

データの関係性に見られるパターンの1つが構造である（図3-11）。

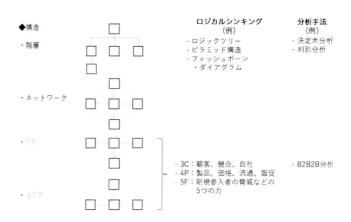

図3-11：データの関係性パターンの1つである「構造」

　構造を表す手段の代表的なものが「階層」だ。だが階層だけでは、データ分析の実プロジェクトでは物足りない。大きく2つの課題に直面するためである。

課題点１：複雑なデータ構造への対応

3-2において「Trusted Data」を説明した際に指摘したように、階層化では、分析の過程でデータの対象が逆に大きくなっていく。たとえば、自動車部品というデータについて分析していくと、その上位部品あるいは下位部品へと対象は広がっていく。加えて、部品を製造するメーカー、その部品のバイヤーやサプライヤー、脅威となる競合会社や新規参入メーカー、さらに部品を置き換える代替品などにも対象は広がっていく。

分析対象である全体の、どの一部を取り出して拡大しても、似たような構造が出てくる。これを幾何学の世界では「自己相似」と呼ぶ。一部が全体と自己相似な構造を持っていて、まるでフラクタルのようである。

課題点２："未知の未知"への対応

ビジネスの４大経営資源は「ヒト・モノ・カネ・データ」である。分析対象も同じく、これら４大要素を分析対象にしてきた。しかし、B2B2B（企業対企業対企業）の領域でのデータ分析では、今見えているデータの"先の先"、つまり未だ見えていないデータをつないでいかねばならない。

リスク管理の分野には「Unknown unknowns（未知の未知）」という言葉がある。何が分からないかが分からないという、一番悪い状況だ。せめて何が分らないかを理解する「Known unknowns（既知の未知）」にはしたい。

そのためには、「Any Data」「Trusted Data」「Open Data」「Alternative Data」など、一見関係がないと思われる複数のデータ群を紐付けする必要がある。B2B2B領域でUnknown unknownsから脱するには複数データ群の分析しかないのである。

階層構造では拡散するB2B2Bの構造に対応した独自フレームワーク

　これら2つの課題点に対応しなければ、たとえばサプライチェーンマネジメントにおけるモノの流れを分析し、効率や効果を高めることはできない。そこで筆者は、ロジカルシンキングの考えをもとに、独自のフレームワークを考案した。「T字フレームワーク」と「逆T字フレームワーク」である。これらを使えば、部品のサプライチェーンという複数データ群の構造を分かりやすく可視化できる。

　T字フレームワークは、「部品と部品」の関係を表現するものだ（図3-12）。ある部品の上位部品と下位部品といったB2B2Bの構造を、その部品を複数メーカーが製造する場合も表せる。

図3-12：B2B2B構造を示すための「T字フレームワーク」。ここでは「部品と部品」「部品とメーカー」の関係を示している

　一方の逆T字フレームワークでは、「メーカーに対するバイヤーとサプライヤー」というB2B2B構造を表す（図3-13）。そのうえで、メーカーとメーカーの関係性を可視化し、メーカーが製造する複数の部品も表現で

きる。

図3-13：B2B2B構造を示すための「逆T字フレームワーク」。ここでは「メーカーとメーカー」「メーカーと部品」の関係を示している

　図3-12および図3-13では、一時点で可視化しモデリングがしやすいようにB2B2B構造を3層にしている。なお、モデリングとは物事や事象をわかりやすい形に表現することで、ここではデータを情報にするプロセスを指す。当然、層が3つ以上の場合も対応でき、部品やメーカーを切り替えれば全体が網羅できる。最初はデータ構造を5層も6層も表そうと試みたが限界があった。そのため、人間が可視化でき、快適な構造となる3層にした。
　このフレームワークの中では、ロジカルシンキングでいう「3C：顧客（Customer）、競合（Competitor）、自社（Company）」と「4P：製品（Product）、価格（Price）、流通（Place）、販促（Promotion）」「5Ｆ：(1)新規参入業者の脅威、(2)買い手の交渉力、(3)売り手の交渉力、(4)業

界内の競争、（5）代替品の脅威の5つの力」を表している。

これは、偏った1つのデータソースではなく、あらゆるデータ、言い換えれば、Any Data、Trusted Data、Open Data、Alternative Dataなどが分析対象である。企業の先の先、部品の先の先までたどれる。"先の先"を分析できるので「B2B2B分析」と名付けた。

このフレームワークは、もともと自動車部品で考えたデータを整理するために考案した。そのデモを見た他業界の方々からの依頼で、国家予算やヘルスケアなどの業界における関係性の可視化にも適用した。国家予算については、「部品」を「予算」に、「メーカー」を「法人」に応用することで関係性が可視化でき、予算の源流がたどれる。ヘルスケアも同様で、病気や症状などとの関係性を可視化できる。

空間の把握で活躍するトポロジカルデータ解析

関係性のもう1つのパターンが「空間」である。空間は、数学では幾何の領域になる。筆者は数学科の出身で、専門は幾何の中でトポロジーであった。幾何の世界では"美しい形"が大切だ。対称性が高く、歪みがない。

ところがトポロジーでは"美しい"という制限はない。柔らかい考え方を取るので"柔らかい幾何"ともいわれる。たとえば、アルファベットの「Y」と「T」はトポロジーの世界では同じとみる。Yの左右を引っ張ればTになるという大胆な考えだ。同様に、「ドーナツ」と「コーヒーカップ」も同じになる。どちらも穴の数が1つという点で同じだからである。結局、トポロジーで重要なことは、"繋がり方"だ。

この考えに基づいたのが「トポロジー分析」であり「トポロジカルデータ解析（Topological Data Analysis）」ともいう。データ群を空間とみなし、その形に注目することでデータ群に埋もれた価値を探す手法である。空間の考えでデータを本質的に抽出できる。

トポロジーでは、前述したようにデータ群の穴の数が重要である。そこに本質が眠っている。2つの似たようなデータ群を空間で把握し、特異点を見出だす（図3-14）。

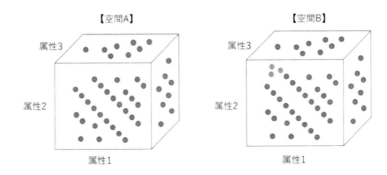

図3-14：関係性パターン「空間」に基づくトポロジカルデータ解析

　たとえば、国家予算の流れを可視化する際であれば、年度別のデータを空間とみなす。x軸、y軸、z軸の属性は、予算額・決算額・前年度比・予実対比などの数値データのほか、上位予算・主管部門・予算への添付資料の有無・移管先などの非数値データを自由に割り当てられる。予算は毎年、概ね同じような流れや形を採るが、近い将来の日本市場に影響を与える予算項目などは"異常値"として埋もれている。

　経験的に言うと「特異点は、なかなか見つからないが、存在すると局所的に固まっていることが少なくない」。なお、ディープラーニング（深層学習）における画像認識でも、分析対象の特徴量（形、色、並び方など）を表現する場合、属性としてx軸・y軸・z軸の座標軸が使える。

　空間全体をどう把握するかという課題があるとき、全体を分析しようとするとお金も時間もかかる。そこで疎（まば）らにデータを取る手法が注目されている。これを「スパースモデリング（Sparse Modeling）」という。フラクタルのような状況からデータを抜き出すT字／逆T字フ

レームワークは、スパースモデリングとも言えるだろう。

　データ関係性のパターンとして「相関」「変化」「構造」「空間」を述べてきた。次節は人間の行動や感情にかかるデータを見てみよう。

3-4 人の行動・感情を知るために必要な非構造化データの分析

3-2と3-3では、分析対象である「データ」そのものについて考え、データの関係性パターンとして「相関」「変化」「構造」「空間」について述べた。本節は、人の行動や感情に関するデータについて考えてみる。

人の行動は、大きな意味で、明確な要望、何気ない無意識な動き、そして感情から生まれる。こうした行動や感情を表しているデータを入手できれば、ITシステムによる処理が可能になる。

人の行動や感情を表すデータは、以下の4つに大別できる。

（1）明確な要求（デマンド：Demand）のデータ

モノを買ったりサービスを利用するなど、これまで企業が積極的に集めてきたデータである。従来のITシステムが処理してきたデータの中心である。

（2）意図のない単なる事象（イベント：Event）のデータ

意図を持たない、単なる流れによって発生するデータである。何気ない無意識の動きも当てはまる。

（3）人の顕在化した感情（エモーション：Emotion）のデータ

人が持つ感情のうち顕在化したものを表すデータ。喜怒哀楽も、この領域に入る。

（4）人の潜在的な心理（マインド：Mind）のデータ

人の意識の状態や変化で潜在的なものを表すデータ。本人も気付いてい

ない場合が多い。

行動・感情を表す４つのデータがシステムのあり方も変える

　こうした人の行動・感動を表すデータを、どれだけ意識するか、どれだけ取得できるかで、ITシステムに求められる要件も変わってくる。これまでのITシステムの変遷をみれば、ITシステムは「デマンドドリブン型」と「イベントドリブン型」に大別できた。ここでの「ドリブン」とは「動かす」「駆動する」という意味である。

　デマンドドリブン型とは、利用者の要求、つまりデマンドがすでに決まっており、その要求に合致したルールに基づいて動作する仕組みである。

　たとえば、「喉が渇いた！」という要求に対し、ボタンを押せば飲み物が出てくる自動販売機や、「現金が必要だ！」という要求に対し、ボタンを押せば現金が引き出せる銀行のATM（現金自動預払機：Automatic Teller Machine）などだ。これらの販売データや操作ログを分析してきたのが従来のITシステムである。

　これに対しイベントドリブン型とはイベント、すなわち要求は決まっておらず単なる事象に基づいて動作するシステムである。デマンドドリブン型の例に挙げた自販機の例でいえば、「喉が渇いた！」という要求ではなく、自販機の前をたまたま通りかかった人に対し、その年齢や性別、気温・湿度などをモニタリングした結果から、その人に見合うであろう商品を自販機側から提案するような仕組みである。

　要求が決まっていないため、システムを構築する際は、まずは仮説を立て、あいまいなルールから始めるしかない。そのシステムを実際に稼働させ、得られた結果を科学的に分析することでルールを変更し、仮説の精度を高めていく。そのためには、イベントを示すデータを取得し、分析・フィードバックする仕組みが必要であり、その代表例がIoT（Internet of

Things：モノのインターネット）だ。

IoTが広がることで、イベントドリブンはさらに分化し、第3、第4の
データである感情や潜在的な意識にも対応できるようになる。将来的に
は、第3のデータを処理する「エモーションドリブン型」や、第4のデー
タを扱う「マインドドリブン型」のシステムの登場が予想される。

自動運転やロボティクスもイベントドリブン型

昨今話題のクルマの自動運転を実現するためにも、イベントドリブン
型の技術が必要である。なかでも次の3つの機能は不可欠だ。

（1）運転中の人の行動を学習する機能

（2）周辺の状況データを学習し、自動車や歩行者を短時間で認識する
機能。V2V（Vehicle to Vehicle：車車間）、V2P（Vehicle to Pedestrian
（クルマと歩行者）、V2I（Vehicle to Infrastructure：クルマと、信号機
や標識などの交通インフラ）などがある

（3）道路のどの場所が安全かを判断する機能

ほかにも、高齢者など足の遅い人の動きを見て信号機が青信号の時間を
適切な長さに変えるといったことも、イベントドリブン型の考えである。

コンピューターの誕生から現在まで、データの中心はデマンドを中心
とした構造化データだった。それがビッグデータの時代になり、デマン
ド以外から出る非構造化データへの注目が高まってきた。これまでなら
捨てられていた、あるいは、取得してこなかったイベントデータがビジ
ネスに大きく影響を及ぼしているからだ。

IoTだけでなく、AI（人工知能）やロボットが人の役割を担っていく
なかでは、エモーションやマインドを表すデータが、より重要になって
いくだろう。

第3章　応用編　81

退職傾向が非構造化データの分析で分かる

　人の行動や感情を表すデータの分析例として、筆者が最近実施した人材に関するコンサルティングにおけるデータ分析の内容と結果を紹介しよう。コンサルティングの内容は、社員の退職者傾向の分析である。

　労働力不足の昨今、社員が「退職届を出す」というデマンドを起こしてから動いたのでは、時すでに遅しである。それ以前に、社員の行動をモニタリングし、何らかのイベントを察知する必要がある。たとえば、いつもより落ち着きがないとか、用もないのに週末に出社しデータをダウンロードするとかだ。機嫌が悪い、最近笑わなくなったといった社員の感情や内面までとらえられれば、退職への対処は、より容易になるだろう（図3-15）。

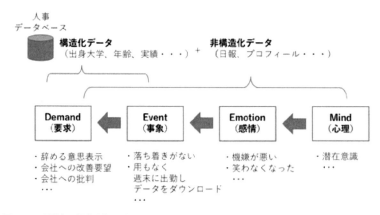

図3-15：退職者の傾向分析の流れ

　分析に当たっては、ヒト・モノ・カネを考えるためのロジカルシンキングのフレームワーク「7S」を採り入れた。7Sとは、「Strategy（戦略）」「System（経営システム）」「Structure（組織構造）」「Skill（スキル）」「Staff（人材）」「Style（経営スタイル）」「Shared Value（共通の価値観）」であ

る（図3-16）。

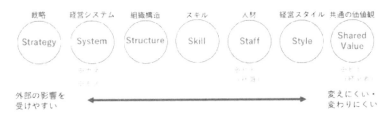

図3-16：ロジカルシンキングの「7S」フレームワーク

　7Sにおける「Staff（人材）」が、会社の経営姿勢や経営者の価値観と合致すれば、雇用契約は長続きする。そうでなければ退職は早まる。図3-15において7つのSは、左側に位置するほど外部の影響を受けやすい、つまり外部データによって変化し易いため、分析頻度も高くなければならない。だが、右側は変わり難い要素であるため、データ分析による効果が出やすい。

　今回、分析対象にしたのは、社員が入社時などに書いたプロフィールやコメントといった非構造化データである。非構造化データとは、特定の構造を持たないデータを指し、メールや文書、画像、動画、音声などである。この非構造化データを「形態素解析（Morphological Analysis）」で分析した。テキストデータを文法や辞書に基づき、形態素（言語で意味を持つ最小単位）の列に分割し分析する手法である。

会社と社員のどちらに非があるかはコンサルティング領域

　7Sフレームワークを礎に、社員や入社希望者のデータを分析すると興味深い結果が出た。実際に退職したかどうかと、退職傾向分析した結果を4つの象限にマッピングしたのが図3-16である。ここで「陽性」とは、その会社で退職しやすい傾向が強いことを、「陰性」とは、退職し難い傾

向があることを、それぞれ示している。

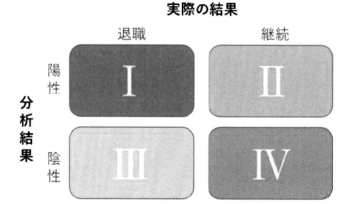

図3-17：退職者傾向分析のポートフォリオ

　実際の退職者を分布で表すと図3-18になる。真ん中が、分析によって「陽性」となり、その予測通りに退職した人たちである。右側は、会社に非があって辞めた人、左側はくだらない理由で退職した人だ。会社が知りたいのは真ん中の人たちの傾向値だ。

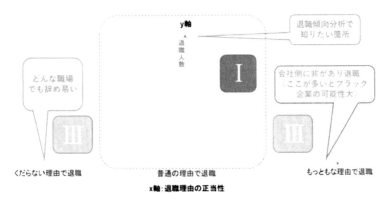

図3-18：実際の退職者の分布

　同様に、継続者を分布にすると図3-19になる。退職者傾向分析で「陽性」になった人々が分布の左右に表れる。左側は、会社で楽ができ居心地がよいので残留した人、右側は、どんな職場でも頑張れるという個人的な理由がある人である。

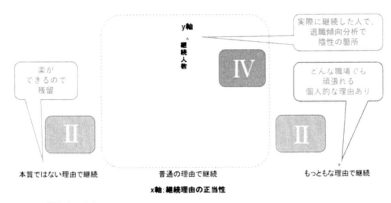

図3-19：継続者の分布

　このように退職者の傾向を分析すれば。採用コストを適正化できる。

会社と社員のどちらに非があるかは客観的に判断しなければならない。だがそれは、客観性のあるコンサルテーションの領域といえる。両者にヒアリングした上で判断せざるを得ない。ただ、データが、もっと集まれば客観的な判断材料になる。

たとえば、ある会社で退職傾向が表れた社員が社会で役に立たない訳ではなく、ほかの会社や異業種に行けば重要な人材になる可能性は十分にある。その意味で業界をまたがった人材の流れも分析できる。

このように非構造化データを分析すれば、顧客の満足度調査の結果や社員の営業日報などは宝の山になる。科学的に解析すれば必ず役立つ情報になる。データを取得し保存するだけでは何の付加価値も生まれない。

次節からは、データ分析の要となるデータ分析の流れについて解説する。

第4章　実践編

4-1 データ分析の王道としての順問題と逆問題を理解する

データ分析においては、対象が（1）試行錯誤しながら結果を探索していく「順問題」なのか、（2）結果は経験値で分かっている中で原因を可視化する「逆問題」なのかを判断することが重要である。ITの知識が、かなり高い人でも、両者の違いを混濁されているケースが多々ある。これは分析の根幹なので、両者の違いを説明しておこう。

　順問題とは、原因から結果を求める問題である（図4-1）。"構造"から"機能"を発見する。確率が、この領域に入る。基礎研究や基礎医学も順問題である。たとえば、土中から新しい細菌を探し出し、その細菌を使って新たな薬を作るというやり方が相当する。

【流れ】　　原因 ➡ 結果

【適用分野】
・物質科学（物質が持つ構造から機能を解明する）
・基礎医学
・基礎研究など理学的なアプローチ
・確率
・リスク管理　など

【具体例】
どう役に立つか見当もつかないが、試行錯誤するタイプ
　　　　　原因 ➡ 　結果
　　　新しい細菌を発見　何に役立つか探索・推論

　　　　　　　　　　　- 花粉症に効く？
　　　　　　　　　　　- 皮膚病に効果あり？
　　　　　　　　　　　…
　　　　　　　　　　　- 寄生虫病（風土病）の治療薬！

図4-1：順問題の流れと適用分野

　順問題が成功するかどうかは、次の3点を準備できるかどうかにかかっている。
（1）データ（大量データ、オリジナルデータ）
（2）アルゴリズム
（3）推論モデル

　順問題の流れを図式化したのが図4-2だ。データを収集したら、分析に取りかかる前に、余分なデータを排除し綺麗にするのが王道である。これを「クレンジング」という。クレンジングの結果が、ロジカルシンキングで、ひんぱんに使われる「MECE（ミーシー：Mutually Exclusive and Collectively Exhaustive）」で、"漏れなくダブりなく"という状態だ。

第4章　実践編　89

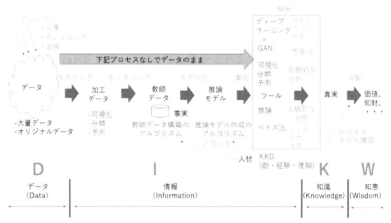

図4-2：順問題における分析の流れ

　ただし、綺麗にクレンジングしないほうが良いこともある。たとえば恐竜の骨の発掘では、こんなことがあったという。土に埋まっている恐竜の骨を発見したので、その場で綺麗にし、骨だけを持ち帰った。ところが現場に捨てたものの中に重要な資料が含まれていた。堆積物と思って削り取ったものが、実は内臓の化石だったのだ。

　筆者自身、国家予算という生データを分析した際、単純にクレンジングするだけではデータが物語る意味を見失ってしまうことに気付かされたことがある。生データを見る際には、なぜ重複があるのか、なぜ漏れがあるのかを考えなければならない。重複や漏れ自体に深い意味があるからだ。王道から外れる勇気も時には必要である。

推論の結果が知識になり、知恵へと変わっていく

　クレンジングするかどうかを判断し、それが終了すれば、データを蓄積する。ある程度の大量データが必要だが、他では入手できないオリジナルデータを用意することが望ましい。

複数のデータ群を紐付けし、複数データ間に関係性を付けていく。これがモデリングである。この段階では、新たな列の追加も大切になる。モデリングの結果できるのが「情報」である。

　生データでも、うまく可視化・分類できれば予測が可能になる。だが、その結果は、あくまでも事実に過ぎない。真実は推論しなくては出てこない。そこで、生データから学習しながら、規則を見つけ出し「教師データ」を構築し、そこから推論モデルを生み出す。その際の考え方が「アルゴリズム」である。この学習・推論モデルの構築段階を経れば、真実にたどり着ける。

　予測やベイズ推定などを使った推論の結果が“気付き”であり「知識」になる。それを基に経験を持った人材がビジネス視点で洞察を行えば「知恵」になっていく。すなわち、データ（Data）→ 情報（Information）→ 知識（Knowledge）→ 知恵（Wisdom）の流れだ。この頭文字を取って「DIKW」と呼ぶ。

　なお、複数の「情報」を集約して束にすれば、人手による分析には、あまりにも手間がかかりすぎる。そこでツールの登場となる。しかし、順問題において、何の考慮もせずに、いきなりツールに依存しても真実は浮かび上がってこない。これが、失敗するケースのほとんどであり、多くの分析結果が期待値を下回ってしまう。

逆問題では“勘と経験と度胸”が効く

　一方、逆問題とは、結果から原因を推定する問題だ（図4-3）。統計が、この領域に入り、物理学や臨床医学など様々な分野で応用されている。不鮮明な画像を復元するのも、“機能”に見合った“構造”を探すのも逆問題である。身近な例では、「新幹線のパンタグラフにおける風切り音を抑えたい」という“機能”を実現したいときに、その“構造”をフクロウの羽根に真似たのも逆問題だと言える。

【流れ】　　　原因　⬅　結果

【適用分野】
・材料科学（必要と考えられる機能に適した物質の構造を探す）
・臨床医学
・物理学・化学等の工学的アプローチ（産業の現場）
・不鮮明な画像の復元
・統計
・危機管理　など

【具体例】
結果が明確で、その原因を追究するタイプ
　　　　原因　⬅　結果
　　パンタグラフの構造　新幹線が煩い
対策

図4-3：逆問題の流れと適用分野

　逆問題が成功するかどうかは、次の３点を用意できるかどうかにかかっている。
（1）勘と経験と度胸（KKD）
（2）アルゴリズム
（3）経験モデル
　逆問題の流れを示したのが図4-4だ。経験者の"勘と経験と度胸（頭文字を取って「KKD」）"で得たアナログデータを可能な限りデジタル化する。閾（しきい）値を決めて、その値を上回る、あるいは下回ると警告を出す。経験値を数値化したものをモデルとして表現する。デジタル化し、そしてモデル化する場合に必要になるのが「アルゴリズム」だ。モニタリングし、検証されたものを理解することで原因への対策を取れる。

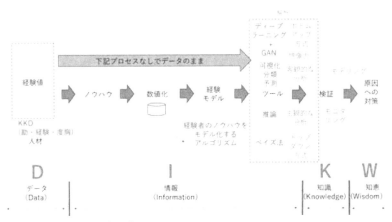

図4-4：逆問題における分析の流れ

　次に、ツールを用いて解析する。生のアナログデータに近いものを使っても構わない。可視化・分類されたものを観察し検証していく。結果の原因が理解できれば、次は対策である。これもDIKW（Data、Information、Knowledge、Wisdom）の流れになる。

　順問題でも逆問題でも、ツールとしてAI（人工知能）を用いる場合、ディープラーニングとベイズ法の違いは知っておいたほうがよい。ディープラーニングはボトムアップ方式であり、AIが生データで学習して成長していく。これに対し、ベイズ法はトップダウン方式で、新しい概念の例をAIに1つ与え、AIが類例を認識すれば、様々なパターンに対応できるようになる。

　大量のデータが必要、もしくは、類似問題しか解けないといったディープラーニングの弱点を補うため、「GAN（敵対的生成ネットワーク：Generative Adversarial Networks）」がある。GANは、敵対するAIをだます中で実在しそうなデータを作り出し、成長しながら想像力を獲得していく。

究極は「複雑なデータを単純に分析する」こと

　なお順問題・逆問題にかかわらず、分析対象には単純と複雑の2つがある。分析方法も単純と複雑の2種類がある。組み合わせれば4つに分けられる。

（1）単純なデータを単純に分析＝誰でも容易にできること

（2）複雑なデータを複雑に分析＝努力してできること

（3）複雑なデータを単純に分析＝閃き（ひらめき）が必要なこと

（4）単純なデータを複雑に分析＝一番避けねばならない方法

　簡易的にデータ分析するならば（1)で十分だ。特に逆問題の場合は、高価なツールを使う必要はない。分析者の中には、たとえば「Excelは信用できない」としてExcelを批判する人がいる。だが、それは分析者のExcelの使い方が悪いだけである。

　逆に、役に立たないツールのほとんどが（4）であることは指摘しておかなければならない。単純なデータを意味もなくグラフで表現するだけでは、何も生まれない。

　順問題で分析を頑張れば頑張るほど、どうしても（2）になりがちである。データに埋もれて本来の目的を見失うパターンだ。究極は、(3)を目指さねばならない。そのためには学校では教えてくれない、自らに合った分析法を習得する必要がある。

　次節は、データ分析の手順とポイントを中心に述べたい。

4-2 データ分析で失敗しないための5つのポイント

前節、データ分析の"流れ"について説明した。実際の分析時に用いる考え方の基本が3-2で述べた「OODA（Observe、Orient、Decide、Act）」である。ただ実務では物足りないため、筆者は独自にOODAループを改良し、6つのフェーズからなる分析フレームワークを構築し利用している。本節は、その分析フレームワークの根幹である6つのフェーズの概要を紹介する。

　データ分析時に利用するフレームワークとして3-2で「OODA（Observe、Orient、Decide、Act）、呼称はウーダ」を紹介した。誰もがご存じのフレームワークとして、昔ながらの「PDCA（Plan、Do、Check、Action）」があるが、PDCAは計画段階と実行段階のかい離が大きすぎる。目の回るような速さで進む現代の分析には、OODAのほうが適している。

実務経験からOODAループの6フェーズに拡張

　OODAも、PDCA同様に、分析サイクルを何度も繰り返すため、循環の意味から、分析フレームワークとしては「OODAループ」とも呼ぶ。ただ筆者にとって、OODAループも実務的には物足りなかったため、独自に改良しロジカルシンキングに基づく分析フレームワークを構築し利用している。

　この分析フレームワークは、筆者が5年間の実プロジェクトを通じて科学的手法として確立したものだ。顧客から依頼された領域の分析において、各フェーズで「何をやるべきか」を書き出した基本設計のような

第4章　実践編　95

ものである。詳細はコンサルティング領域に入るので別の機会に譲るが、筆者独自のOODAループは、OODAの前に「整頓（Arrange）」と「理解（Understand）」を置いた次の6つのフェーズからなり、筆者は「AUOODA（アウーダ）」と呼んでいる。

(1) Arrangeフェーズ（整頓の段階）

(2) Understandフェーズ（理解の段階）

(3) Observeフェーズ（監視の段階）

(4) Orientフェーズ（情勢判断の段階）

(5) Decideフェーズ（意思決定の段階）

(6) Actフェーズ（行動の段階）

これら6つのフェーズそれぞれで細分化していけば、信頼性のあるデータ分析が実行できる。

順問題における6つのフェーズ

AUOODAの分析ループは、4-1で説明した順問題と逆問題のいずれにも適用できるよう工夫している。順問題と逆問題では、データ分析の6つのフェーズは真逆の流れになり、注意が必要だ。この違いを知ることが先決である。

順問題における分析の流れは図4-5の通りである。

図4-5：順問題における6つのフェーズの流れ

フェーズ1：探索
試行錯誤で求めていく際に、データ群から原因となる事象を測定（Measure）しながら探索する。その過程で離れたデータ群をぶつけて共通点を探す。

フェーズ2：学習（理解）
データを十分に理解し、事象を学習して、場合により新しい列を作りながら設計（Design）し、情報にしていく。

フェーズ3：学習（観察）
理解した情報から規則性、あるいは、いつもとは違う"何か"を観測（Monitor）する。

フェーズ4：モデル化
情報から読み取れる規則性、因果関係、相関関係などをモデル化しアルゴリズム（Algorism）を考える。

フェーズ5：推論
可視化・分類した分析結果は単なる事実なので、主観的に推論してナレッジ化するために真の解析（Analytics）を実行する。

フェーズ6：実践

推論で得られた真実をビジネスに活かすために、明確なメッセージに変え、ビジネスモデル（Business Model）を構築する。単に分析を分析だけに終わらせないことが重要だ。

ビジネスモデルの構築では、成果につながる以下のポイントを押さえる必要がある。

・誰に、どのような価値を提供するか【Who、What】
・そのために、どんな業務構造や取引先との関係が必要か【How、When、Why】
・どのような販売ルートと価格設定で、どれだけ収益を上げるか【Where、Which、How much】

逆問題における6つのフェーズ

逆問題における分析の流れは図4-6のようになる。順問題とは真反対になる。

図4-6：逆問題における6つのフェーズの流れ

フェーズ１：経験値・肌感覚のデジタル化

今までのビジネスモデル（Business Model）や、すでに今までの勘と経験と度

胸で分かっていることを可能な限りデジタル化する。

フェーズ２：可視化

デジタル化した経験値を可視化していくことで解析（Analytics）の糸口にする。

フェーズ３：モデル化

経験値を可視化する中で、アルゴリズム（Algorism）を見抜き数値化する。

フェーズ４：観察・検証

数値化したものの正当性を得るために観察（Monitor）し、検証する。

フェーズ５：理解

なぜ、このような結果になるのか、その原因を理解する。単なる原因だけで

なく、真の目的や意図（Design）をくみ取る。場合によってはデータに隠れている、データを作った人のたくらみや下心も読み取らねばならない。

フェーズ６：原因への対策

浮き上がった原因への対策（Countermeasure）を施し、原因につながる事柄を整頓（Arrange）していく。両方のやり方を併せて実行し、順問題で得た解答を応用し、逆問題としてKKD（勘と経験と度胸）で知っている、ほかの内容を検証する必要もある。

経験に裏付けされた失敗しない５つの分析ポイント

AUOODAは、データ分析に役立つフレームワークではあるが、それだけで成功するわけではない。実際の分析に携わってきた筆者の経験から、失敗しないための重要なポイントとして５つを挙げたい。

第4章　実践編　99

ポイント1：騙されない

失敗のパターンがある。「○○○というツールを使ったがうまくいかなかった。しかも高額の費用がかかった。△△△というツールの売り込みがあったので話を聞くと良さそうで、しかも安い。だから使ってみようか」である。いくらツールを変更してもうまくいかない。

心理的に人は、自分が信じたい話を信じたがる。○○○というツールを嫌いになっている自分に同調してくれる△△△の営業話につい乗ってしまう。これをミラーリングの効果と言い、なぜか騙されてしまう。

たとえば「この神社は宝くじに当たった人が多い」と聞きお参りに行く。本当かもしれないが何の根拠もない。「東大合格者名□□□人」といった宣伝文句が踊るが、予備校Aと予備校B、予備校Cと東大の合格者数を足すと、実際の入学者数よりはるかに多い。いずれも個人情報保護法を盾に「当たった人」「合格した人」は開示されない。

そこで役立つのが推論だ。推論した上で、信じるかどうか決めたほうがいい。ツールもそうだ。紙芝居でデモを見せられても何の説得力もない。デモ用のデータではなく、自らのデータで試そう。

ポイント2：順序を間違わない

失敗のほとんどが、分析の順番を間違えていることが原因である。すでに経験値で分かっていることを可視化するならば逆問題でツールを使えば問題はない。しかし、試行錯誤を伴う場合、すぐにツールの効果は出ない。単なる統計ツールならば順問題があうはずもない。

AI（人工知能）も教師データ付きならば、その教師データを人が入力しなければならない。それを機械化しない限りは人海戦術になるのは仕方がない。自ら分析したいことが順問題なのか逆問題なのかを自問してからスタートしよう。順問題であるのに逆問題用のツールをいくら用意してもうまくいかないし、それを別の逆問題用ツールに取り換えてもうまくいくはずはない。

ポイント３：紐付けで可能性を広げ、創造・想像のきっかけを得る

複数のデータ群を衝突させながら共通点を見つける。Trusted Data（信頼できるデータ）や、Any Data（さまざまなデータ）、Open Data（自由に利用できるデータ）、Alternative Data（公開情報ではない非伝統的なデータ）などである。

筆者の造語であるが「ビッグデータのベン図」も分析フレームワークとして使っている（図4-7）。1つのデータ群を従来同様に分析しても気付きは少ない、あるいは、少なく見える。ベン図の交わりの部分にヒントがあり、2つ、3つのグループの積集合に気付きが含まれている。

図4-7：データを紐付けする分析フレームワークとなる「ビッグデータのベン図」

ビッグデータのベン図の考え方は、データサイエンティスト以外も身に付けるべきだろう。企業が持つデータは、人事情報は人事部、営業情報は営業部など、所属部署から"門外不出"になっているものが大多数だ。外部持ち出し禁止のデータを、いくら守秘義務契約を結んだコンサルタントであっても、外に出すのは垣根が高い。データに一番近い者が分析するのが一番である。

その意味で、すべてのビジネスパーソンにできるデータ分析法が考慮されるべきで、そのための人材育成が欠かせない。データ分析はデータ

サイエンティストにのみ必要なスキルではなく、すべてのビジネスパーソンに必須な武器になってきている。

ポイント４：先の先を見て違和感・特異点・変曲点を知る

　企業の取引先であるバイヤーやサプライヤーとの関係は「B2B2B（企業対企業対企業）」の構造になる。製造しているモノと、その上位部品／下位部品との関係もB2B2B構造だ。この関係性を分析することを筆者は「B2B2B分析」と呼んでいることは3-3に述べたとおりである。

　企業に限らず、先の先を見ることにより、いつもと違うことが分かる、分析者にとってまず必要なものは“違和感”だ。データの中で何かが違うという感覚である。その違和感から特異点や変曲点があぶり出される。特異点は似通った群の中からの違いであり、変曲点は普通の流れの潮目が変わるターニングポイントである。

　B2B2Bを応用すれば「B2B2C（企業対企業対個人）」となるので、「B2B2C分析」としても使える。実際、医療機器の分野は参入者が多くビジネスモデルはB2B2Cになっており、分析の重要な領域である。

ポイント５：データ分析で得た結論を評価する

　分析した結果に自己満足することなく、冷静に次の3つの質問を自問自答しなければならない。(1) 学習・推論で得た結論を 正確性（＝精度）と完全性（＝網羅性）を考慮してどう評価するか？、(2) その結論を安心して使えるか？、(3) 発想力によって応用できるか？である。

　確かに自分が出した結果を自らが評価することは難しい。そのためには複数人のグループで分析することをお勧めする。

自動運転、AI、ロボットの動きもAUOODAで説明可

　いかがだっただろうか。分析フレームワークとして、OODAループを

ロジカルシンキングに基づいて改良したAUOODAとビッグデータのベン図について、それぞれの概要を紹介した。AUOODAを用いれば、データ分析だけでなく、自動運転やAI、ロボットなど「知覚」「認知」「判断」「操作」といった動きも対象も説明できる。知覚 = Arrange、認知 = Understand & Observe、判断 = Orient & Decide、操作 = Act と考えれば良い。

　次節はデータ分析における心理的な影響を述べたい。

4-3 データ分析における心理的側面の深いつながり

データ分析には心理学の要素が必要だと1-2で述べた。錯誤相関と原因帰属である。錯誤相関とは、2つの事象に実際は関係がないのに関係があるものとして比べる心理現象だ。たとえばスーパーのレジなどで隣の列と比べて自分の列が遅いと感じることである。原因帰属は、行動の結果の原因をどこに求めるか、つまり帰属するかということだ。たとえばパワースポットを訪れた後には良いことが起こると結び付け、そうでないことは結び付けないといったことである。データ分析者は、データに騙されないためにも心理的なことも知らねばならない。

人は、出所が確かでないデータでも言われる状況によっては、いとも簡単に信じてしまう。そもそも人は、自らが信じたいことがあり、それに合致した内容ならば根拠のないデータでも易々と騙されてしまう傾向が強い。

その傾向をネット社会が加速させている。特にSNS（ソーシャルメディア）では、違う意見を持つ人とは、ほとんどやり取りしていない。このため反対意見が届かなくなり、自分の意見が社会全体の一般的な意見だと錯覚してしまう。

これを「エコーチェンバー（Echo chamber）現象」と呼ぶ。自分の部屋（チェンバー）の中で自らの声が増幅され、あらゆる方向から跳ね返りエコーのようになることを指す。同じ意見の人々とのみコミュニケーションを繰り返すことで自分の意見が増幅・強化される現象だ。

認知心理学や社会心理学には「確証バイアス」という用語がある。仮説や信念を検証する際に自分の支持する情報ばかりを集め、反証する情報を無視する傾向のことである。データを評価する際には、確証バイアスに陥らないように、冷静で合理的な対応が求められる。ただ人は、合理的に判断して物事を決めるのではないことが「行動経済学」で指摘されている。

確率ですら主観的な評価で歪んでしまう

2017年のノーベル経済学賞を受賞したリチャード・セイラー教授は、「行動経済学」の発展に寄与したことが評価された。行動経済学では、人の好みや感情など心理的な側面に人間の判断が左右されることを重視する。

たとえば、自分が購入した宝くじは当たりそうだと思い、過去に1等が出た売り場で買いたくなる。つまり、確率が主観的な評価で歪んでしまうのだ。低い確率の現象を過大評価してしまう。データ分析をする場合、評価はあくまでも客観的でなければならない。

行動経済学と従来の標準的な経済学を比較してみよう。行動経済学では、人に行動を起こさせるために「ナッジ（Nudge：背中を押したり、肘で軽く突いたりするイメージ）」する必要がある。ナッジされ、うながされた人は、意識して他人の状況や心理を察して対応することとなる。

一方、標準的な経済学では、自己の利益を最大限にすることが前提になる。自然界では2つの物質が混在する際、お互いが、それぞれの領域を最大化しようとすると、必然的に両者の境界面は最小になっていく。標準的な経済学では自己都合の欲望が最大化しバブルのように膨らんで結局、破れるのだ。

だが行動経済学では、意識して他者との境界面を最小にすれば、それぞれが極大化できるようにバランスを保てる（図4-8）。この考えは経済学だけでなく、データにも当てはまる。

第4章　実践編　105

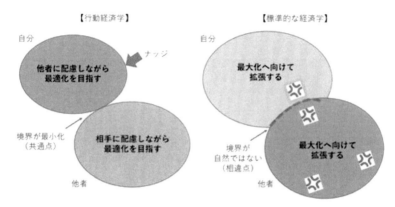

図4-8：行動経済学と標準経済学の比較イメージ

　自己利益のために作為的に作られたデータは合理的なものではない。つまり嘘をついているデータが、世の中には数多く存在している。しかし、「境界面の最小化」という概念を知っていれば、データ分析における予測や分類の手助けになる。

　たとえば、SNSであることないこと色んな情報が出回る。嘘の情報と事実の境界のバランスが取れなくなると炎上が起きる。この時、正常なデータと嘘のデータとの境界は、自然ではなく歪になっている。

　嘘のデータは可視化すると不自然なグラフに、あるいは大局は正規分布などに見えるが、よく見ると局所的に違和感が見つかる。19世紀のフランスでは、徴兵検査で身長制限（157cm）があったが、その数値で異常値が見られ嘘が見破られたという。

　データは、その対数を取ったり、微積分やベイズ推定などを行ったりすることで真実が見えてくる。行動経済学にならってデータ分析でも、データをナッジする（突く）という処理が必要なのである。

事実よりも感情が影響を与える

　ところで2017年の日本の総選挙は、事前の世論調査の通りになった。これに対し、英国のBrexit（EU離脱）に係る投票や、トランプ米大統領が誕生した大統領選では、世論とは真逆の結果になったことは記憶に新しい。グローバルでは、すでに世論調査が外れている。世論調査には構造的な欠陥が2つある。1つは人間の感情の強さを測れないこと。もう1つは質問に対する答えしか分からないことだ。

　事前の世論調査の結果という"事実"よりも"感情"が大切になってきている。このことを「ポスト真実」と言う。2017年の流行語大賞の候補30にも選ばれた。データ分析で予測する場合も、事実や真実だけに目を奪われると真逆の結果になってしまう。感情をどうとらえるかが今後の課題だろう。筆者の感覚では、特に選挙などで競争が接戦の場合は、世論調査と結果は逆になりがちだ。

　米IT企業ではAI（人工知能）は、もはや当たり前のツールである。最近は、相手の心を読み嘘もつく"交渉人"ともいえるAIが登場し始めた。相手の性格や意図を想像して反応を予想する。ハッタリをかけたりもする。これらは「感情コンピューティング」とは呼ばれている。

　筆者は自著『2020年を見据えたグローバル企業のIT戦略』で「エモーションドリブン型（Emotion Driven）」という言葉を用いた。人の感情を理解することでコンピューターが反応するものだ。いずれは、潜在的な意識、つまり、マインド（Mind）にまで対応できれば、「マインドドリブン型（Mind Driven）」になるであろう（3-4で説明）。データ分析によって感情値を分析する時代が訪れている。

　最新のキーワードの1つに「BMI」がある。Brain Machine Interfaceの略だ。人が考えたり身体を動かしたりすると、脳細胞が脳波を発する。BMIを備えたコンピューターは、脳波信号を読み取って、手を使わずにデジタル機器を操作する技術だ。筆者が『2020年を見据えたグローバル

第4章　実践編　　107

企業のIT戦略』で「Brain Computing」として説明したのと同じ考えである。

さらに最近は、「マインドアップローディング」という言葉も登場している。人間の意識をコンピューター上に移植する技術である。「マインド」と言う限りは、潜在意識も入るのだろう。

データ分析で役立つ5つの心理的ポイント

データ分析を行う際に役立つ心理的なポイントを筆者の経験から5つ示す。

心理的ポイント1：グループで分析する

嘘を見抜くには、一人の判断ではなく、グループで話し合うのが最善の方法である。自分の見方だけでは偏りがあるためで、他の人と話し合うことで新たな視点が得られ理解も深まる。データに現れた嘘もグループで分析したほうが良いだろう。

ただし「内集団バイアス」には要注意だ。内集団バイアスとは、あまりに親しい人たちばかりで物事に取り組むと高いパフォーマンスを発揮できる反面、決めつけや思い込みが極端になってしまうことをいう。

心理的ポイント2：リスキーシフトに注意する

リスキーシフトとは、危機的な状況では過激な意見に引っ張られてしまうことを意味する。分析者が危機的な状況下でデータを分析する際には、このリスキーシフトを思い出してほしい。

本当に崖っぷちになる手前の状態でリスキーシフトは起きる。つまり、どんどん過激な意見を言った人が偉いということが集団の中で起きる。集団の平均値の意見が、一気に危険な方向へ行ってしまう（図4-9）。

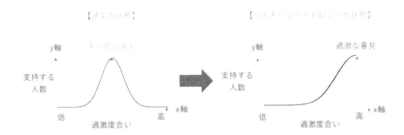

図4-9：リスキーシフトの概念

心理的ポイント３：フレーミング効果

　データ分析で分かったことに、心理的な効果を加えると影響は大きい。ある疾病の手術の成功確率を示す場合、「25人に1人が失敗」というのと「96％が助かる」というのではイメージは全く違う。これがフレーミング効果である（図4-10）。

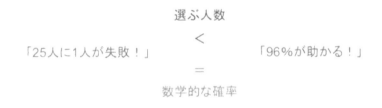

図4-10：フレーミング効果の概念

　心理的にフレーム、つまり"構成"を作るという意味で、言い方によって相手の思考を自分の都合の良いように"構成"する。データ分析の結果のメッセージを作る場合には有効である。

心理的ポイント４：アンカリング効果

　アンカーは船の錨（いかり）のことである。最初に提示された条件や

印象などが錨のように縛り続けることをアンカリング効果という。たとえば、値段交渉では最初に言われた値段が錨になり、そこからどれだけ値引きされたかに興味を奪われてしまう。問題なのは、価値に見合った価格かどうかを見失っていることだ。データ分析でも最初に得られた結果にこだわり続けると方向性を見失う。

心理的ポイント5：プライミング効果

　良いイメージの名前は人のイメージを活性化させるというのがプライミング効果である。たとえば、データ分析の結果をグラフにし可視化する場合、タイトルやグラフに添える（グラフの特徴を表す）メッセージの表現がとても大切になる。タイトルの付け方だけで相手への印象が変わるからだ。

　商品も名称を変えるだけで、変更前後で売り上げが数十倍も違った事例が報告されている。その商品が食べ物ならば、商品名の持つイメージだけで消費者が感じる味覚にも影響するようだ。

　他にも、ツアイガルニック効果、スノッブ効果、バンドワゴン効果、ハロー効果、ウインザー効果なども知っておいたほうがいい（図4-11）。

図4-11：人は心理面で強い影響を受ける

画一化・標準化された方法ではデータ分析は難しい

　ここまで心理的な側面がデータ分析に与える影響を見てきた。単純な因果関係のみでは相手に訴求できない場合、心理的な効果は非常に有効だ。

　データ分析に限らないが、後継者を育成する場合は、相手を褒めることも大切な心理的要素である。子育てでも、褒められるとへこたれない強い子供になるというデータが、国立青少年教育振興機構の調査に出ている。

　単なる画一化・標準化された方法ではデータ分析は難しく、統計学以外の要素も考慮しなければならない。心理学もその1つである。

　次節はデータ分析をリスクの視点から解説する。

第4章　実践編　｜　111

4-4　データ分析にはリスク管理・危機管理が不可欠

前節、データ分析において、データに騙されないためには心理的な要素を考慮する必要があると説明した。本節は、データ分析におけるリスク管理と危機管理の重要性について説明する。

　ビジネスの世界で使われるよく使われる話に、ドラッカーの「コップの水」理論がある。コップに水が半分入っていた場合、「もう半分しかない」と「まだ半分もある」との2つの考え方があり、"もう"から"まだ"に変わった時に、イノベーションが起こるというものだ。

　これをリスク管理・危機管理の視点で見れば、コップの水が飲み物であるならば、残った水に着目するのがリスク管理であり、飲んでしまって身体に入った飲み物が有害であれば、それへの対処が危機管理ということになる。

　これをデータ分析で考えてみるとどうか。3-1でベイズ推定では主観的な処理に基づくため、条件を設定した際に"捨てる"データがあると述べた。排除したデータが重要であったならばミスであるが、残ったデータはリスク管理の対象で、そこから選ばれたデータは危機にもなり得る。

　ただリスクはオポチュニティ（機会）にもなり得ることを忘れてはならない。リスクがオポチュニティに変わった時に、イノベーションが起きる。

112　第4章　実践編

想定外は必ず起こることを意識する

このようにデータ分析においてもリスク管理・危機管理の考え方が必須である。大切なことは、「一に人材、二に情報収集、三に決断力」であるが「想定外は必ず起こる」という意識を持たねばならない。

想定外を知るには、以下4つのノウハウが必要になる。

ノウハウ1：信頼性の高いデータを使う

ノウハウ2：ハインリッヒの法則を応用する

ノウハウ3：データの"トライアングル"を成立させない

ノウハウ4：適切なデータ分量を知る

ノウハウ1：信頼性の高いデータを使う

3-2で述べたように、筆者はデータの区分を「Any Data（さまざまなデータ）」「Open Data（自由に利用できるデータ）」「Trusted Data（信頼できるデータ）」「Alternative Data（公開していない非伝統的なデータ）」に分けている。Trusted Dataは文字通り信頼できるデータであるが、そもそも信頼性とは何なのか？このことを肝に銘じるのが分析の根本だ（図4-12）。

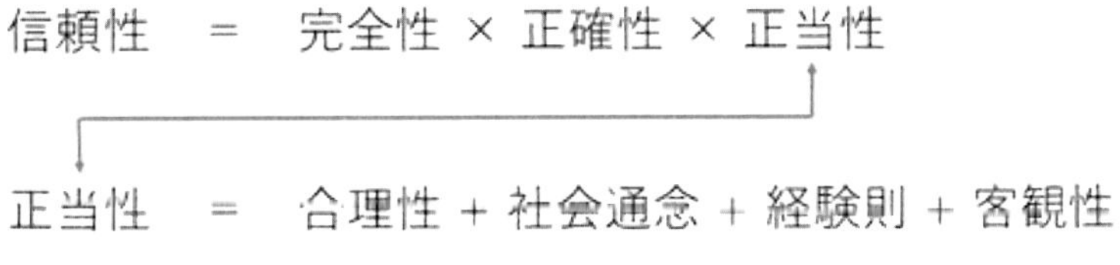

信頼性　＝　完全性　×　正確性　×　正当性

正当性　＝　合理性　＋　社会通念　＋　経験則　＋　客観性

図4-12：信頼性のあるデータの条件

信頼できるデータであるための条件の1つは、「MECE（ミーシー：Mutually Exclusive Collectively Exhaustive）」の意味で漏れがないことである。これを「完全性」と言う。

第4章　実践編　　113

次の条件は間違っていないこと。正確性だ。データは意図的に操作されていることが少なくない。

　もう1つの条件は正当性のあるデータかどうかだ。正当性とは、次の4つの要素を考慮することである。

【合理性】データを適切なコストで処理すること

【社会通念】社会の常識から外れていないこと

【経験則】経験を持った人が分析したものであるかどうか。従来の統計は客観的、ベイズ推定は主観的と述べたが、素人の分析では客観性が大切なものの、経験が豊かなプロにとっては主観的であることも正当性があると言える

【客観性】主観で条件設定した内容を最新データで補正すること

　Open Dataは、モデリングの方法次第で十分に信頼性のあるデータになるが、Any Dataは要注意だ。特に、SNS（Social Networking Service）は操作されやすいメディアなのでデータとしては弱い。災害や選挙など社会的に大きな出来事があると、多くの人が特定の話題について発信し一気に広がるためだ。

　この現象を「バースト現象」という。ネットでは熱心に意見を発信する少数派が可視化され増幅しやすい。現実社会でも二極化が起こるが、SNSではさらに増幅される。

　人はそもそも自分にとって都合がよく、信じたい情報を信じ込む傾向があるが、SNSはそういう人に恰好のメディアである。仮に信じていることを他人に「嘘だ！」と言われると、反発して却って強く信奉してしまう。ネットで少数派の意見の過激な人が声高に言うと、似た意見を持つ人たちを喚起し多数派意見のようになってしまう。

　信頼性を保つには"仮置き"も知っておかねばならない。仮置きとは、実験の前に過去の実験結果をつなぎ合わせて仮の実験結果を作ることで、実験のゴールを分かりやすく示してくれる。データ分析でも仮置きは存在し、分析の前に過去の分析結果をつなぎ合わせることがある。

これが実は、不正やミスの一因になる。仮置きが、そのまま公開されてしまうことも少なくない。ケアレスミスでは済まされず信頼性が損なわれてしまう。仮置きという手法は良いが、データ分析後に分析結果で置き換える必要がある。

ノウハウ2：ハインリッヒの法則を応用する

　ハインリッヒの法則とは、「1件の重大な事件・事故の背景には29件の軽微な事件・事故があり、300件のヒヤリ・ハットした事象がある」というものだ。データ分析において一番知りたいのは、特異点や変曲点である。この周りに29件の違和感があり、さらにその周りに傾向値が300もある（図4-13）。

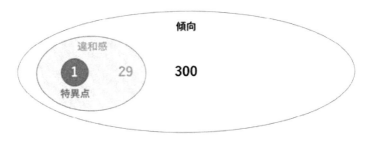

図4-13：ハインリッヒの法則を応用

　分析しても、なかなか特異点は見つからないが、違和感を感知するセンスは大切だ。違和感とまではいかなくても傾向を知ればよい。これまで分析方法を述べてきたのは、傾向や違和感、そして特異点を見いだすためだ。実際に29や300という数値は、分野によって相違してくるが、その黄金比を発見するための分析方法を知らねばならない。

　関連して「合成の誤謬」という言葉がある。個別に見ると正しくても全体では正しくないといった逆説的な現象を言う。300の傾向値の1つひ

とつにこだわり過ぎると、本質を見失う可能性もあるので注意したい。

　リスク管理・危機管理では「ブラックスワン」という理論がある。ありえない出来事、つまり、重大な事件や事故は、次の3つの特徴を持つというものだ。

特徴1：なかなか予測できない

特徴2：起これば非常に強い衝撃を与える

特徴3：いったん起きてしまうと、いかにもそれらしい説明がなされ、実際よりも偶然には見えない、あるいは、あらかじめ分かっていたように思える

　非常に強い衝撃を与える特異点や変曲点を、違和感や傾向をたどって見つけるには、分析、つまり可視化・分類・予測・推論の繰り返しが必要だ。あらゆる角度からデータを切ることで、一見は普通のありふれたデータ群に埋もれている特異点・変曲点を探し出せる。

　ただ、データ分析で予測できる領域と不可能な領域があり、その見極めが大切になる。予知できない分野にお金をつぎ込むぐらいならば、1件の大きな事件・事故が起きた場合への対応策に回したほうが良い。逆に、適切なアルゴリズムがすでに存在し、あるいは、近い将来に見込まれてモデル化できるものは徹底的に分析や対策をする必要がある。

ノウハウ3：データの"トライアングル"を成立させない

　「不正のトライアングル」は、ドナルド・クレッシーという犯罪社会学者が提唱した考え方である「欲望」「正当化」「機会」の3つがそろえば、誰でも不正を犯すというものだ。

　歴史を振り返ってみると、明智光秀は裏切り者の代表のように言われる。しかし、裏切りやすい属性が明智光秀にあった訳ではなく、欲望・正当化・機会が重なった結果、主君を裏切ってしまった。この理論は、犯罪や不正でなくても応用できる。人が物事を決める際には必ず、この

3つが存在するからだ。

　たとえば、社会人が退職するかどうかを考えると、欲望の例には「もっと給与の多い会社に行きたい」などが挙げられる。正当化としては「どうせ腰掛で就職した」などが考えられる。そして「理不尽なことで上司に怒られた」というような機会に出会う。それぞれ単独では退職に至らないが、3つが重なると退職する確率は格段に高くなる（図4-14）。

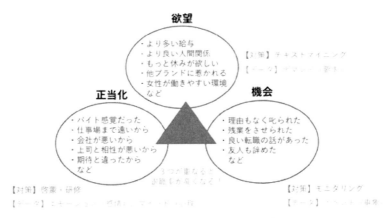

図4-14：人に関するデータのトライアングル（例は中途退職の場合）

　人に関するデータ分析を行う成否は、この「欲望」「正当化」「機会」のトライアングルをどう取り扱うかにかかっている。早いタイミングで芽を摘み取っておけば良い。

　「欲望」に係るデータは、人の明確な要求（デマンド：Demand）の領域になる。このデータを分析することは本質的に重要なことで、傾向を知るには、欲望に係るデータを可能な限りデジタル化し、発言内容や記述したコメントなどをテキストマイニングしておく。

　「正当化」は、人の顕在化した感情（エモーション：Emotion）の領域と深い結びつきがある。その人が、その感情を未だ十分に把握しておら

ず"何となく"という状態ならば、人の潜在的な心理（マインド：Mind）の分野となる。この正当化を適切に持っていくには地道に啓蒙や研修するしかない。

そして、「機会」をなくすにはモニタリングすれば良い。意図のない単なる事象（イベント：Event）に関するデータをモニタリングし分析することが早道となる。なるべく、その事象が起こらないよう事前対策しなければならない。

実は、このトライアングルはデータ分析者にも当てはまる。分析者にも欲望があり、それを正当化し、そして機会に出会うといい加減な結果になってしまう。データ分析は手を抜こうと思えばいくらでもできるし、頑張ろうとするととても時間がかかるからだ。

「楽をしたい」という欲望、「早く報告するのだから手を抜くのは仕方がない」という正当化、最後は「実際に手を染めてしまう」という機会がそろえば、そのデータ分析は、とんでもない結果になる。データはブラックボックス化できるだけに一層、データ分析者は自戒しなければならない。

ノウハウ4：適切なデータ分量を知る

1次データ、2次データも考慮すべき項目である。1次データとは特定の目的のために新しく収集されるデータのことで、主に実験や調査を通じて収集される。2次データは、他の目的のために自己または他者が事前に収集しているデータのことだ。

1次データは臨場感のあるデータで生々しいが、2次データは脚色されている可能性も高い。1次・2次も含め、全部のデータを分析するには時間もお金もかかる。

実はデータは多いほど良いわけではなく"中庸"が大切だ。対象の全データを分析すると、分析者が人でもAI（人工知能）でも過学習が起き

てしまうからである。つまり、特殊条件を気にし過ぎて真実を逃してしまうことになるし、学習したことにしか対応できず新しいことに応用できなくなる。分析の適切な量を決めるのがデータサイエンティストとしての腕の見せ所とも言えよう。

　データ分析だけでなく、人を面談する場合や、モノを調査・検査する際にも中庸が求められる。たとえば、多くの候補者を面接して、その中から1人の秘書を決める秘書問題など最適停止問題が古くから扱われるように、全データを分析していては時間的に間に合わないだけに、適切な分量を選ばねばならない。

　次節は数学的・科学的な分析手法について説明したい。

4-5 データ分析には数学的・科学的手法を生かすセンスが不可欠

データ分析に必要な発想とセンスについて、4-3では心理的側面を、4-4では
リスク管理・危機管理の側面について紹介した。本節は、数学的・科学的な手
法と発想につながるセンスについて解説したい。

　データ分析は数学の元に成り立っている。良く「数学者の厳密である」
と言われる。それを表す逸話の1つに、つぎのようなものがある。
天文学者と物理学者と数学者の3人が会議に出席するために列車でイン
グランドからスコットランドへと向かっていた。その境界線を越えると
き、車窓には原っぱに2頭の黒い羊が見えた。そこで、3人はこう言った。
天文学者：「あれを見たまえ、スコットランドの羊は黒いのだ」
物理学者：「スコットランドの羊のうち、少なくとも2頭は黒いというこ
とにすぎない」
数学者：「スコットランドの羊のうち少なくとも2頭は、少なくとも片面
が黒い」

　天文学者の"直線的な感性"、物理学者の"事実を重んじる考え方"、数
学者の"厳密に真実を求める姿勢"が端的に表現されていると言えるだ
ろう。

問題を抽象化し必要・十分条件を絞り込むのが数学

　古代エジプトでは紀元前3000年にはすでにサイコロが作られていた。
サイコロの出目が神の意志とされた。偶然性とのつきあいの始まりであ

る。その延長線上で、ギャンブルがきっかけで17世紀に確率論が生まれた。そして哲学的な考えから、数字・文字式・図形・数式を用いて数学が細分化し、そこから物理学・化学・生物学などへと進んでいくことになる。

　数学は問題を抽象化し、必要条件・十分条件を究極まで絞り込む学問である。データ分析と親和性が高い。データ分析の手段と数学には表4-1のような関係がある。

表4-1：データ分析の手段と数学の間にある関係

【分析の手段】	【関連する数学の例】
可視化	確率分布、統計、集合論、線形代数、行列（画像データ、文字データは行列で表せる）
分類	群論、統計
予測	解析（フーリエ解析など）、確率、統計、行列の固有値、微積分、セルオートマトン
判別	代数、方程式論、アルゴリズム論
トポロジカルデータ解析	幾何、トポロジー、多様体
推論	ベイズ推定、微積分
スパースモデリング	トポロジー、グラフ理論

　データ分析という科学的手法でも、先の逸話に示された"直線的な感性""事実を重んじる考え方""厳密に真実を求める姿勢"は必要だ。ただし、実際のデータ分析では、これらに加えて（1）データの美、（2）手元にないデータの予測、（3）想像力の射程距離の延長といった3つのセンスが求められる。

センス1：データの"美"

　自然に無駄なことなどない。単純性を好み、余計なことをしない。自然界には、雪の結晶や、冠のような水滴、水の波紋、ハチの巣、リアス式海岸、葉脈など、対称性が高く調和のとれた幾何学的な模様を生み出

第4章　実践編　　121

す"美"が存在する。たとえばリアス式海岸などが持つフラクタル（全体と部分が相似関係にあるもの）性は、美の象徴でもある。

コンピューターの設計者にも、プログラミングコードの美しさを語る人は多い。筆者は、社会人になってからの5〜6年間は汎用コンピューターのソフトウエア開発者だった。当時、いつも気にかけていたのは、考え方やプログラミングの"美"だった。データ分析でも"データの美"を意識することが自然で大切である。黄金比（6-3参照）や白銀比といった関係も美を表現している。

トポロジカルデータ解析

数学の中で"美"にこだわるのが幾何学だろう。筆者の専門は幾何学、中でも柔らかな発想が必要なトポロジーだった。柔軟な考え方だからこそ、データ分析の役に立つ。

たとえば、類似性がある2つのデータ群から、その違いを見つけようとする場合、トポロジーを使った最新のデータ分析が効果的である。データの形に着目し、違いが分かり難いデータ群から異なる特徴をあぶり出す。複雑な幾何的な塊から価値を見出す手法と言え、素材を扱う業界でよく使われる。

トポロジカルデータ解析を簡単に説明すれば、まずは、空間の"穴の数"に焦点を当て細かな違いを把握する。散らばっているデータの点を膨らませていくと、穴が発生したり消えたりする。データの点のサイズを変えることで変化する穴の数を調べることでデータを分析する（図4-15）。ランダムかどうかも重要なポイントだ。さらに対称性・単純性・規則性などの違いから、空間の"つながり方"に違いを見いだす。

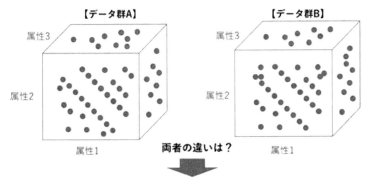

図4-15:トポロジカルデータ解析の基本的な考え方

　勘違いされることも多いが、ランダムな結果のほうが人間には不自然に見えることがある。たとえば、散布図においてデータがバランスよく散らばっているほうが人間にはランダムに見え、同じところにデータが重なっていると意図的だと感じてしまう。これを「クラスター錯覚」と言う。人の意図が介在するほうがデータはバランスよく散らばっているのである。

　ちなみにトポロジーの性質や考え方は、最先端科学では欠かせない存在になっている。たとえば、トポロジカルな性質を持つ物質（超電導回路や、光子の偏向、電子のスピンなど）は、量子コンピューターを劇的に進歩させる可能性を秘めているとされる。

センス2：手元にないデータを予測する

　トポロジー分析のように、莫大なデータから未知の法則を探し出すことは大切だ。だが、すべてのデータを取得して分析するには、時間とコ

ストがかかる。実際、膨大な観測データは、そのままでは解明させるまでに多大な時間を要する。

スパースモデリング

　そのため、まばらにデータを取る方法の1つとして、スパースモデリング（Sparse Modeling）がある。「スパース」は「まだら」という意味だ。少ないデータから真実を見いだす過程で広く使われている。応用例には、MRI（磁気共鳴画像装置）や、EV（電気自動車）の素材開発、津波予測、テストのカンニング検出、脳の解明、ブラックホールの形の推定などがある。

　スパースモデリングでは、複雑なデータをまばらにすることで情報に変換し、それをグラフ化し、形・文字列・数式などとして解いていく（図4-16）。ここでも、"DIKW"、すなわちデータ（Data）を、情報（Information）、知識（Knowledge、グラフ化）、知恵（Wisdom、形・文字列・数式など）へと変わるプロセスになる。

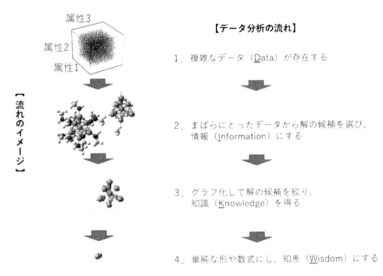

図4-16：スパースモデリングの大まかな流れ

　スパースモデリングは数式で表される。式の詳細説明自体は別の機会に譲るが、大切なポイントは、間引きした観測データから解の候補を選ぶことだ。しかし、解を1つには絞り切れないので、スパース性を利用し復元しながら解の候補を絞っていく。このプロセスを繰り返すことで最適な解にたどり着く。

　すでにビッグデータのすべてを分析する時代ではない。まばらなデータを基に足りない部分を予測して分析する時代である。言い換えると、手元にはないデータは、実在しそうなデータとして"作る"時代に突入していると言えよう。そこでは、論理学や言語学、気象学などを含めた総合的なアプローチが必要になる。

フェルミ推定

　実際、調査すら難しい課題は少なくない。たとえば、「読者が今いる場所から見えているビルには何人が入っているだろうか？」といった問題

は、とらえどころがないし、実態調査も難しい。

そのため、いくつかの手掛かりから論理的に推論し、短い時間の"閃き"で解を求める必要がある。これがフェルミ推定だ。実際にデータを取得するのではなく、頭の中で仮説を立てる。データも自らの経験値と推論で用意する。

フェルミ推定は、実際の把握が難しい数量を類推する順問題（4-1参照）である。ただ、生データを取得しないので、順問題のおける6つフェーズのうち、最初の3つは不要になる（図4-17）。まずモデル化し、分解することで計算をしやすくする。前述のビル内にいる人の数の例では、オフィス棟、住宅棟、商業棟に分解し、それぞれについて人数を求めるという推論になる。すでに統計データがあれば実践段階で現実性を検証する。

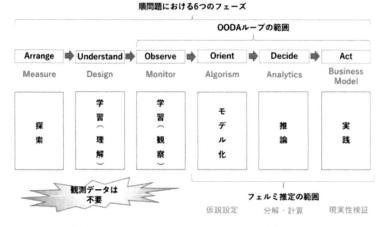

図4-17：フェルミ推定では順問題における6つのフェーズのうち、最初の3つは不要

なお、AI（人工知能）がデータを自ら作るという話は、4-1のGAN（敵対的生成ネットワーク：Generative Adversarial Networks）で触れたが、関連して比較するとよい。GANは、敵対するAIをだます中で実在しそ

うなデータを作り出し、成長しながら想像力を獲得していく。

センス3：想像力の射程距離を延長する

筆者は、本書を含む種々の原稿執筆や講演などを行った際に、実施していることがある。執筆・講演内容の形態素解析である。形態素解析はテキストマイニングの一種で、文法や辞書に従って、言語を名詞・形容詞・副詞などの最小単位（形態素）に分割してくれる。誰にも、どうしても使いやすい言葉に偏る傾向があるため、形態素解析により自分の"癖"を直しているのだ。

ただ、形態素解析自体が大切なのではなく、これを何に使うかという"想像力の射程距離"が勝負の分かれ目になる。熱心に細かい形態素に分けるツールもあるが、あまり役には立たない。筆者は、執筆・講演内容のレビューのほか、優秀な社員の属性や退職傾向といった非構造化データの分析などに使っている。

ここで言う想像力には、ある手法をどの分野に適用するかだけでなく、ある分野に、どの手法やモデルを使うかという逆の想像力もある。経済予測という分野を例にみてみよう。

共通点が多くてもモデルは共通とは言えない

経済学は、気象学との共通点が多い。いずれも分析に関して工学的な手法を使っているが、著しく複雑なシステムのため、まだまだ理解が不十分である。データ分析の基本は、2-2と2-3で述べたように「分類・予測」だ。まずは分析対象をいくつかの群（クラスター）に「分類」する。群のそれぞれは、複数の要素が絡み合い、お互いに影響を及ぼしている。その影響を考慮して「予測」する。

経済や気象の分析であれば、経済の要素は、消費者・生産者・金融機関などである。気象では大気の流れや雲などが要素である。ここから予

測モデルを作成する。気象の場合、基本は大気の流れから気象予測モデルが作れる。これに、複雑で常に変化し続ける雲の事象を加える。

　これに対し経済は、需要と供給が一致する点で安定するため、気象予測モデルが使えない。さらに、人の心理・政治情勢・地政学的なリスクなど、さまざまな要因が絡んでくることから分析の難易度が高まる。そのため株価予測はプロでも難しい。

　株価や物価動向といった長期的な予測だけでなく、その日の為替や株価ですら正確に予測できないのは経済モデルが、まだまだ未完成のためだ。その最適なモデルを見つけるには推論を重ね続けねばならない。なおかつ、想像力の射程距離を伸ばし、気象学だけでなく、全く異なる分野の予測モデルを持ち込む必要があるだろう。

　このことはAIにとっても同様だ。AIであっても、株価などの資産を的確に予測し、市場の平均よりパフォーマンスが良いファンドは作れないとも言われる。現時点のAIには、金融活動の効率性向上、あるいは不正の検知と防止への適用が期待されている。

　たとえば不正検知の場合、人手では、分析対象のデータサイズが大きすぎて不正取引の特徴を正確に把握できなかったり、新しいタイプの不正取引に対応するのに時間がかかりすぎたりするからだ。AIの適用では、スコアリングにより、過去に不正あるいは怪しいと判断された取引データを集め分析する。分析の基本は2-3で述べた回帰分析である。

　米国では特定の政党が有利になる恣意的な選挙の区割り（ゲリマンダー）についての訴訟がある。ゲリマンダーかどうかを数学的に見分ける場合、マルコフ連鎖モンテカルロ法が使われている。数学が法廷でも重要な意味を持つ時代のようだ。

　いかがだろうか。本節で紹介したような数学的・科学的な手法や発想がビジネスにつながっていく。次節は逆に、データをどうビジネスに結び付けるかについて述べる。

128　　第4章　実践編

5

第5章　ビジネス編

5-1 データが持つ"重力"を活用するために乗り越えるべき3つの壁

ここ数節、データ分析における心理的側面や、リスク管理の必要性、そして数学的・科学的な手法を生かすためのセンスなどを紹介してきた。本節からは、データ分析の本来の目的である「データをいかにビジネスに結び付けるか」について述べる。本節は、データの性質の一つである「データ重力」を紹介し、それを活用する際に直面する「3つの壁」の乗り越え方を考えてみたい。

　前節、数学的・科学的手法についてみてきたが、そもそも数学を使わない産業を見つけるほうが難しい。保険業界では、保険料の算出からリスク把握に至るまで幅広く回帰分析などを駆使する。製造業では、微積分や線形代数などを使って現場での歩留まりを向上させている。

　IT業界なら、検索エンジンの礎として行列の固有値が欠かせないし、セキュリティの世界では整数論により、より安全な暗号の実現を目指している。コンピューター自体、数学で成り立っているのだから当然である。すべてのビジネスの基本は、アルゴリズムとデータだと言える。

データの"重力"にビジネスが引きつけられる

　データ分析はビジネスに不可欠であり、それ自体も1つのビジネスになっている。さらに、データそのものも売買の対象であり「データビジネス」も存在する。ビジネスで利用される「Trusted Data（信頼できるデータ）」を売る仕事は、古くからあるデータビジネスだ。新しいデータカテゴリーである「Open Data（自由に利用できるデータ）」も、それを

加工して付加価値をつければ売り物になる。

データに対しては「データ重力（Data Gravity）」という言葉がある。「データは質量を持っていて重力が発生する」という、万有引力になぞらえた考え方だ。データが蓄積されると惑星のように重力が発生し、アプリケーションやサービスといったIT資産がデータに引き付けられるように発生する現象をとらえている。

たとえば、書籍のネット販売から始めた米Amazon.comが、ネット通販のデータを大量に集め、扱う商品が広がり、クラウドビジネスへ参入し、そこから、さらに、さまざまなビジネスモデルを生み出している。データが存在する方向にIT資産が引きずられ、ビジネスモデルもデータの方向に引っ張られる好例だろう。

しかし、データをビジネスで使いこなすために、避けて通れない3つの壁がある。

壁1：意味あるデータはどこから取ってくるか？

壁2：そもそもビッグデータをすべて取得することは必要なのか？

壁3：どのデータに価値があるか？

それぞれの意味と乗り越え方を見てこう。

壁1：意味あるデータはどこから取ってくるか？

筆者は、本書のようなデータ分析法を執筆するほか、企業向けにデータ分析法の有償セミナーも手がけている。そうしたセミナーで最も多い質問が「データをどこから持ってくるか？」だ。

世の中のデータは、（1）ある程度信頼性の高いTrusted Data、（2）フェイクニュースも含む自由闊達な領域の「Any Data（さまざまなデータ）」、（3）国や地方公共団体などが経済活性化のために提供するOpen Dataに大別できる（図5-1）。ビッグデータで気付きを得るには、違う分野の複数データを紐付けることが必須だ。その点、これまで公開されることが

第5章　ビジネス編　131

少なかったOpen Dataは大切である。

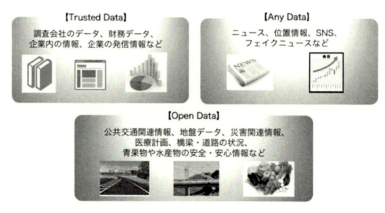

図5-1：世の中に存在するデータの種類

　それ以上に筆者が魅力を感じるデータに、Open Dataの基として公開されている、より生に近い「Pre-Open Data」がある。たとえば、省庁が出しているOpen Dataと銘打たれたデータより、予算・決算・予算執行など係る情報のほうが役立つ場合がある。

　同様に、社内でも、これまで分析されてこなかった「Alternative Data（公開していない非伝統的なデータ）」も威力を発揮する。外部に出せないAlternative Dataを分析するには、社内にデータ分析の人材を置くことがリスク管理になる。

　Trusted Dataや、Any Data、Open Dataのそれぞれにおいて、自分にとって役に立つネット上の複数サイトや、アナログかデジタルかにかかわらず生データを押さえておき、継続的にアクセスすれば、特徴が見つかる。そこから複数のデータ群を自由自在に紐付け、データ分析用のオリジナルな辞書を作成する。AI（人工知能）の学習で利用する教師データを用意するようなものだ。そうすればデータを魅力的で意味あるものに変えられる。

壁2：そもそもビッグデータをすべて取得することは必要なのか？

　毎日のようにビッグデータと付き合い、分析して感じていることに「確かに分析は必要で、分析をして気付きを得なければならない」ということがある。最初は人手を介さなければならないが、気付きさえ得られれば、その気付きを教師データにして、以後はITやRPA（Robotic Process Automation）、AIなどに任せればよい。一定のルールがない範囲では、まだまだ人材が重要だが、一旦ルールが確定されれば、人間の手からは離れていく。

　その意味で、ルールが確定している分野ならば、苦労してビッグデータを取得する必要はない。AIがシミュレーションしデータを作ればよい。たとえば囲碁というルールが決まった世界ではすでに、AI同士が戦い、シミュレーションによってデータを作っている。「GAN（敵対的生成ネットワーク）」を使ってデータを想像し補完している。

　すべてのデータを取得するのが難しい、もしくは、時間に制約がある場合は、スパースモデリングやベイズ推定などで、取得できたデータのみで全体を推定することが大切だ。制限のあるビジネス環境下では、取得できたデータのみで対応していかねばならない。

壁3：どのデータに価値があるか？

　昨今の新聞・メディアでは、ビッグデータといえば個人データというぐらい消費者のデータを気にしている。確かにB2C（企業対個人）企業だけでなく、B2B（企業間）企業も、末端の消費者の動向が気がかりであろう。セキュリティを考慮しコンプライアンスに従うことは確かに大事だ。苦労して取得した個人データは、個人情報保護法やGDPR（一般データ保護規則）などに神経を尖らせなければならない。

　狭義的な解釈では、ビッグデータはAny Dataだと定義できる。

FacebookやGoogleといった米国のプラットフォーマーは、つぶやきや検索ワードなどを自然に集めており、そのAny Dataに値打ちがでる。個人からデータを購入するなど意図的に集めたデータは、歪なものになるのが確実だ。偽ったデータが数多く生まれるに違いない。データを個人と有償で取引するのは難しいからだ。

　筆者は、ヒト・モノ・カネ・ブランド・データの分析を「5大アセット分析」と呼んでいる。そのなかで最も価値を感じているのは企業データだ。これまで活かしきれなかったデータや、日本企業が苦手とする「ブランド」をどう扱うかのほうが、個人データより意味深いと考える。

　シェアリングエコノミーに代表されるクラウド（Crowd）化により、サラリーマンも起業や副業に乗り出す時代になった。企業あるいは起業のデータに一層の可能性が見込まれる。

　ただし、個人データも扱う対象とやり方を工夫すれば価値が出るのは事実だ。個人データを広義のビッグデータ的にみれば、(1) SNSやブログ等で発信されるAny Data、(2) 国・地方自治体が管理する確定申告やマイナンバーといったTrusted Data、(3) 医療ビッグデータで扱われるような匿名化が必要なAlternative Dataに分けられる（図5-2）。

図5-2：個人データの広義のビッグデータ的な分類

なかでも Alternative Data の取り扱いには注意が必要だ。匿名化が前提ではあるが、重要性はとても高い。個人データも複数のデータ群を組み合わせれば、既知のこと以上の真実があぶりだせるからだ。

　データ分析においては、これら3つの壁を乗り越えていかねばならない。そのうえで考えなければならないのは、手に入れたデータをいかにビジネスに結び付けるかである。次節は、データをビジネス化するプロセスについて述べる。

5-2　データを“金”に変えるにはメッセージが不可欠である

前節、データが持つ性質の一つとして「データ重力」を紹介した。万有引力になぞらえ、データが蓄積されると“重力”が発生し、アプリケーションやサービスといったIT資産がデータに引き付けられるように発生するという現象をとらえたものである。本節は、そのデータをビジネスに変えるためのプロセスを考えてみる。

　1-1で、データを取り扱うための3つの能力の1つとして「データエンジニアリング力」を挙げた。DIKW（Data、Information、Knowledge、Wisdom）の理論や数学的な考えを産業界で応用できる力などである。

　このDIKWの流れが、データをビジネス化するプロセスである。

プロセス１：データ（Data）を取得・入力する

プロセス２：データを情報（Information）にして事実を得る

プロセス３：事実をもとに推論し、知識（Knowledge）にすることで真実にたどり着く

プロセス４：ビジネスにつながるメッセージにすることで知恵（Wisdom）に変換する

　ただし、知識や知恵にしなくても、情報の段階でもお金になり得る。たとえば、Open Dataは、そのままでは単なるpdfやcsvのファイルだが、それを分類・可視化し情報の束に加工すれば価値が出てくる。当然、その情報の束を本格的に分析し推論することも重要ではあるが、その一歩手前の状態も十分ビジネスになる。

136　　第5章　ビジネス編

ビジネスのためのデータを取得・入力する方法が変化

　ビジネス化を図る過程で、データの取得・入力する方法が変化してきた。3-4で解説したように、人のデータは以下の4つに大別できる。

データ1：明確な要求（デマンド：Demand）のデータ

データ2：意図のない単なる事象（イベント：Event）のデータ

データ3：人の顕在化した感情（エモーション：Emotion）のデータ

データ4：人の潜在的な心理（マインド：Mind）のデータ

　これら4つのデータに対応する形で、データの入力方法が遷移している。

入力方法1：キーボード（汎用コンピューターなど）、マウスやトラックポイントの活用（PCなど）

入力方法2：指によるタッチ（スマートフォンなど）

入力方法3：音声（AIスピーカーなど）

入力方法4：脳波（BMI：Brain Machine Interfaceなど）

　キーボードの時代には、データビジネスとしてデータの入力代行が存在した。マウスの時代には、企業を運営するための業務やビジネスプロセスを専門企業に外部委託するBPO（Business Process Outsourcing）が流行した。そして今は、音声入力で得たデータをデータサイエンティストやAI（人工知能）が解析する時代になっている。この流れやデータ分析法を熟知する人材が教師データを創造している（図5-3）。

第5章　ビジネス編　137

データの種類	データの入力方法	関連デバイスなど
(1) Demand	・キーボード ・マウスによるトラックポイント	※汎用コンピューター ※パソコン
(2) Event	・指によるタッチ	※スマートフォン
(3) Emotion	・音声	※AIスピーカー
(4) Mind	・脳波	※BMI

図5-3：データの種類と入力方法の遷移

　さらに今後は、人間の脳からのデータ入力が考えられている。BMI、つまり脳と人間のインタフェースの開発が進んでいる。人間が考えたり体を動かしたりする際には、脳細胞から脳波が発せられている。BMIは、その脳波信号を読み取って、手や音声を使わずにPCや機械を操作する技術だ。脳の比較的安全な部位にセンサーチップを埋め込み、脳波を読み取る仕組みもある。

　BMIでは、脳波に表れた人間の意志を機械へ入力・命令する信号に変換し発信する。最近では逆の流れ、機械から脳へ信号を送ることも研究されている。「Brain-computer interfaces」という分野もあるように、次世代を切り開くキーワードだといえる。人間である意味を変えていく可能性を秘めている。

「お金儲け」はデータ分析と経営の境界線？！

　データをビジネス、すなわちお金につなげるためには、消費者のデータを大量に取得できている企業であっても、単なるデータから"新たな気付き"を得ることは、そう簡単ではなく不断の努力がいる。データを分析しても、当たり前の結果が出ることも少なくない。そこに「お金を儲ける」という側面を加味すれば、データ分析によって成果を得るため

のハードルは一層高くなる。そこがデータ分析と経営の境界線なのかもしれない。

特に、外部の立場でデータを集める場合、留意しなければならないことがある。「必要とするデータのすべては取得できない」ということだ。

たとえば、自動車部品を作っている部品メーカーの商流を調べたい場合、どこに部品を売っているのかは、そのメーカーを起点にすれば、バイヤーの情報は外部の者でもネットで比較的簡単にデータを取得できる。ところが、下位部品をどこから買っているのかのデータを外部の者が得るのは難しい。下位部品の数が多いことなどから、サプライヤーに関するデータの取得は、バイヤーについてよりも難易度が高くなる。

もちろん調査会社などから Trusted Data を購入すれば概算値は分かる。モノの流れの逆はカネの流れなので、精度をより高めるには、カネの流れを見ることでモノの流れが明確になってくる。ただ、この方法は送金データを持っている金融機関しか扱えない。制限がある環境下では、得られたデータからベイズ推定などで推論し、スパースモデリングなどでデータを創造していく必要もある。

では、すべてのデータが取得できない中で、どうビジネス化を図るのか。ここで有効なのが「データの重力」である。ビジネスもデータの方向に引きずられていく。データを押さえ、適切なアルゴリズムを考え、ビジネスモデルを構築すれば良い。

X-Techの登場はデータ駆動型時代の象徴

当然、従来のやり方だけで対応するのは難しい。既存企業なら自らが持つ Alternative Data も分析しながら、新しい発想を持って既存のビジネスモデルに組み込む。新規企業であれば、新しいデータを取り込んだ新しいビジネスモデルを設計しなければならない。その際のキーワードが「X-Tech」である。

第5章 ビジネス編　139

2000年に「xSP（x Service Provider）」が流行した。「x」にはアルファベットが入り、「ISP（Internet Service Provider）」「ASP（Application Service Provider）」「MSP（Management Service Provider）」など、多くのネット事業者が誕生した。

それに続いたのが「XaaS（X as a Service）」である。同じようにXにアルファベットが入り「SaaS（Service as a Service）」「PaaS（Platform as a Service）」「IaaS（Infrastructure as a Service）」「MaaS（Management as a Service）」などクラウド事業者が登場した。これらxSP、XaaSに続き、データに着目したビジネスモデルがX-Tchだ（図5-4）。

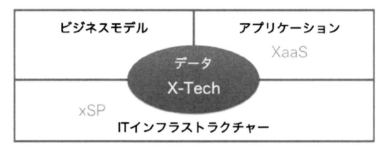

図5-4：xSP、XaaSに続くX-Techはデータに着目したビジネスモデル

コンピューターは、(1) ビジネスモデル、(2) アプリケーション、(3) ITインフラストラクチャー、(4) データから成り立っている（1-1参照）。xSPは、(3) ITインフラストラクチャーに焦点を当てたビジネスモデル、XaaSの成功の可否は (2) アプリケーションにかかっている。そして、X-Techは (4) データをどう活かすかにかかっている。

X-Techに向けては、どの業界もデータ活用に躍起になっている（表1）。その中で最も知られるのは「FinTech（Financial Technology）」だ

ろう。日本では規制や法律を気にかけるので「LegalTech」や「RegTech（Regulation Technology）」に目が行っている。FinTech以外のX-Techが浮上するかどうかは、ITテクノロジーを駆使しデータを使いこなせるかどうかにかかっている。

表5-1：X-Techは、さまざまな領域に広がっている

X-Tech	対象業種・業務
Ad Tech	広告
Agri-tech	農業
Edu-tech	教育
Fintech	金融
Food Tech	飲食・調理
Gov Tech	官公庁
HR Tech	人事
InsurTech	保険
Legal Tech	法律
Real Estate Tech	不動産
Reg Tech	規制

Alternative Dataへの期待が高まるヘルスケア領域

　その中で、国レベルで取り組みが進むのが、「HealthTech」の領域だ。ヘルスケアに関しては、国も病院も製薬会社も多くのデータを持っている。だが個人情報の塊である、それらデータをどのように活かしていくかの方策は、国益の肝になる。

　少子高齢化が進む日本では、人が年を取り寝込んでからどうするかも当然大切である。同時に健康に年をとっていく「健康年齢」をどう引き上げるかという「フレイル（適切な介入・支援により、生活機能の維持向上が可能な状態）」の領域にも意味がある。

筆者は以前、フレイルに関して分析したことがある。そこでは、肉体的・精神的・社会的に、人がどのように年をとっていくかを分析しなければならなかった。子供から青年期を経て大人になる過程は、誰しも似たような経緯を取るが、老いる過程は全くの千差万別だからだ。

具体的には、自動車部品の可視化システムをヘルスケア領域に適用し、「病気」「症状」「サプリメント」などの関係性を可視化・分析した。ある病気の症状の関係性や、ある病気が重くなった場合の合併症、ある症状に効くサプリメントなどの関係性を可視化した。その際は、単に可視化するだけでなく、分類・予測・推論によって真実に近づくことができた。

医療ビッグデータの元になる患者のデータには、従来から取得している、喫煙の有無や持病などにとどまらず、様々なデータが対象になってくる。起床時間・就寝時間・万歩計・脈拍の数値などのイベントデータ、感情に関するエモーションのデータなどだ。

これらデータは、これまで分析対象ではなかったAlternative Dataであり、保険業界や製薬・創薬の会社にとっては魅力的なはずだ。なお、国の認定事業者が匿名加工した医療情報を売買せずに公開すれば、それはOpen Dataになる。

医療ビッグデータの元になる患者のデータには、従来から取得している、喫煙の有無や持病などにとどまらず、様々なデータが対象になってくる。起床時間・就寝時間・万歩計・脈拍の数値などのイベントデータ、感情に関するエモーションのデータなどだ。

これらデータは、これまで分析対象ではなかったAlternative Dataであり、保険業界や製薬・創薬の会社にとっては魅力的なはずだ。なお、国の認定事業者が匿名加工した医療情報を売買せずに公開すれば、それはOpen Dataになる。

日本語と英語の違いがデータ分析にも影響している

　データをビジネスに変える最終段階は、分析で真実をつかんだ後に、戦略的に利用するためのメッセージ化だ。単なる真実のままでは世の中には受け入れられないからだ。

　メッセージ化ではまず、データ分析の結果から「ストーリー性」を作る。そこには「具体性」と「簡潔さ」がなければならない。さらに「予想外」の内容で、かつ「独創性」が大切になる。失敗のほとんどが、この独創性のなさが原因だ。真似だけでは何も生まれない（図5-5）。

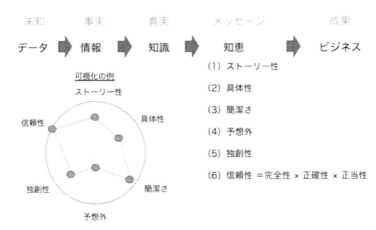

図5-5：データのメッセージ化が求める要素

　当然ながらデータ分析では、「信頼性」が特にものを言う。データ対象をすべて網羅する【完全性】、1つひとつが正しい【正確性】、そして専門家が分析したという【正当性】を満たすことが信頼性である（4-4参照）。

　メッセージは、受け手が理解して初めて機能する。そのため「データ重力」の言葉通り、データが向かう方向に利害関係者を集めるテクニックが必要になる。それが、メッセージが伝わりやすい構造・表現である。データサイエンティストは、そこまで把握すべきなのだ。

日本語では曖昧な表現（ハイコンテキスト）が好まれ、英語では直接的に分かりやすい表現（ローコンテキスト）が望ましいといわれてきた。実は、この違いが、データ分析の結果がビジネスで役立っているかどうかにおける欧米と日本の差異と言ってもいいであろう。

　図5-5で示した6個の要素を可能な限り取り入れて知恵にし、ビジネス成果につなげなければデータ分析自体に意味はない。なお、6つの要素を可視化するにはレーダーチャートにしても良い。どの場合に成果が出たのかなどを複数の分析結果から分析できる。これを「メタ分析」と言う。

　次節は、データ分析で必要となる発想力について述べる。

5-3 データ分析に不可欠な発想力は日々の行動で磨ける

4-3から前節まで、データ分析に必要な心理的側面や数学的手法を生かすためのセンス、データ分析をビジネスに変えるためのメッセージ力などについて解説してきた。本節は、もう1つのセンスである「発想力」について考えてみる。発想力は、先天的なものもあるが、磨き上げるものである。

みなさんは、どんなカレンダーを使っているだろうか。筆者は2005年から「6年カレンダー」を公私ともに用いている（図5-6）。2005年に購入した6年カレンダーは、2005年から2010年までの同じ月に、何がいつ起こったかが一目でわかるカレンダーである。

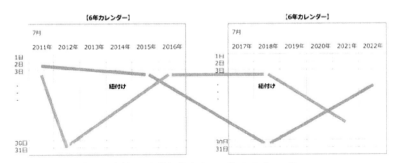

図5-6：あらゆるデータの紐付けに有効な「6年カレンダー」のイメージ

この6年カレンダーに日々、筆者は世の中や個人的に起こった出来事、そしてその時の感情や体調を小まめに書き込んでいる。関連する事柄を紐付けていくと、リズムや、流れ、傾向が分かるようになってきた。以前

よりも、これから起こること、すなわち未来を予見できるようになった。

2011年に2冊目を購入しようとしたが、筆者の周りでは見つけられなかった。そのため、2011年から2016年の6年カレンダーと、2017年から2022年の6年カレンダーは自作した。それほど重宝しているのである。この6という数字が「完全数（自身を除く正の約数の総和が自分自身に等しくなる自然数）」であることも興味深い。完全数については6-3で解説したい。

6年カレンダーに加えて、平成の31年間、朝・昼・夕の食事のメニューをノートに記録していた。自らの生活をデータ化することで、データ分析は身近なものになる。旅行はどこに行くか、子供の受験では何が試験問題に出るか、NISA（少額投資非課税制度）やiDeCo（個人型確定拠出年金）はどうするかなどなど、分析が本当に役に立っている。

ほかにも、健康状態・買い物・運動・住まいなど身近なことが分析対象になる。たとえば、筆者はマンション住まいだが、各戸の玄関ドアが古くなり塩害で傷んでいることが気になっていた。仕事で国家予算の補助金を分析した結果を紐付けることで、玄関ドアの改修に新たな補助金を適用できた。

定型的な事象は分析すれば、かなりの精度で予見できる。だが、それが他にどう影響するか、あるいは、非定型なことが起こった際に発想力をどう働かせるかが重要だ。言い換えれば、アイデアをどう創出し、全く関係ないもの同士をいかに紐付けるかがポイントになる。

1人でアイデアを出すには“違和感”を探せ

1人で発想力を利かせてアイデアを出すためには訓練が必要である。時間があれば頭の中で連想を膨らませていくのだ。見たものを頭の中で画像処理し、いつもとは違うもの、つまり“違和感”を探す。違和感が複数あれば、それらを紐付ける。1つの違和感が周りのものに、どう影響す

るか想像を働かせるのである。

たとえば、街を歩いていると、ごく一般的なパチンコ店があり、その店先に日よけとして、ひさしが設置されている。だが今日は、いつもと何かが違う。ひさしが少し下がっている。よく観察すると、前日に降った雨が、ひさしに溜まっている。案の定、強い風が吹くと雨水が飛ばされ軒下を通る人をびしょ濡れにした。

これは実際に目撃した例だ。この例では、びしょ濡れになる前に、違和感をつかめれば良い。違和感は、凹んだひさし、強風、前日の雨である。これらを紐付けると結果が読める。昔から「風が吹けば桶屋が儲かる」と言うが、風が吹けば次に何が起こるのかを連想しなければならない。大きな因果関係をつかむ前に、小さな因果関係を結んでいけるかが問われている。

では、どうすれば違和感を持てたり、次々と連想したりできるようになるのだろうか。筆者が実際に行っている方法を伝授したい。

筆者はこれまで、クラウドコンピューティングやビッグデータ、GRC（ガバナンス、リスク管理、コンプライアンス）のコンサルタントあるいはエバンジェリスト的な立場で活動してきた。だが、クラウドもビッグデータもGRCも自ら志願して担当したわけではない。社内に適切な担当者がいないという安易な理由で回ってきただけだ。

違和感を記録し「アイデアの辞書」を作る

当然ながら「今日からクラウドのエバンジェリストだ」と、いきなり言われても、何のスキルもなく、アイデアなどが出るはずもない。そこで筆者が実施したのは、「Cloud Computing」というキーワードについて毎日、メディアで見た内容や、プレゼンした際の違和感つまり説明が難しかった点、聞いた人の反応をExcelシートに書いて記録することだった。

すると、いつの間にかCloud Computingだけで50近い索引と内容が

第5章　ビジネス編　147

Excelシートで3800行にもなっていた。クラウドが、さまざまな分野に波及した今では、AI（人工知能）、IoT（モノのインターネット）などIT関係の話題だけでなく、心理学や、経済学、営業力、リスク管理、自動車部品、グローバル化、政治、ヘルスケアなど40カテゴリー以上にもなっている。

　約40のカテゴリーのそれぞれに約30〜50のインデックスがあるため、2000近い索引があるわけだ。これをExcelファイル、スキャンしたPDFファイル、アナログ情報などで管理している。これが「アイデアの辞書」だ。その内容を紐付ければ無限に近いアイデアが出てくる（図5-7）。

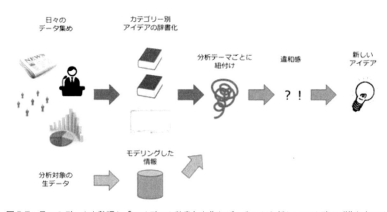

図5-7：日々のデータを整理し「アイデアの辞書」を作れば、そこから新しいアイデアが導き出せる

　読者がこれから取り組むなら最初は、3カテゴリー程度で始めることをお勧めしたい。アイデアの辞書を予め用意しておいて、ケースごとに紐付けていく。実際のデータ分析の際にも、生データをモデリングによって情報にし、情報の塊を作っていく。この塊がアイデアの辞書だ。そのうえで複数の辞書を紐付けていけば良い。

　加えて、なんの関係もない情報の塊を持ってくるセンスが大切だ。それも、どの程度、辞書を知っているかに依存してくる。それだけに、日々

のデータ集めやオリジナルの辞書作りが欠かせない。これを「辞書化する力」と呼んでいる。当然ながら、ファクトチェック（検証行為）も必要で、信頼性の高い辞書にしなければならない。

　考えてみれば、価値ある分析は離れたデータ群を紐付けることが肝である。いくつものアイデアの辞書化が必要なのは自明なのである。

　そういえば複式簿記では、取引をその二面性に着眼して記録し、貸借平均の原理に基づいて記録・計算・整理する。その際も仕訳帳と経費帳・未払金帳・現金元帳・売掛金元帳などを紐付けて管理している。この紐付ける習慣が不正の検出に役立つ。「紐付ける力」は、アイデア出しだけでなく様々な局面で使える。

　参考までであるが、帰国子女でもなく外国に長く住んだこともない筆者は、外資系企業で英語を使ってきた。そこでも自分専用の英語表現の辞書を用意していた。やさしい英会話の本を1冊購入し、そこに失敗経験から得られたことを書き加え続けた。1996年に買った、その本には、20年以上の書き込みがあり、今も現役である。

　すべてのことがDIKW（Data、Information、Knowledge、Wisdom）の流れに沿っている。本書で繰り返し指摘しているように、単なるデータ（Data）が、情報（Information）になり、辞書化し紐付けることで知識（Knowledge）になり、実践で使えば知恵（Wisdom）になる。

グループのアイデア出しに有効な「ブレインライティング（Brain Writing）」

　グループでアイデアを創出する場合に有効なのが、アイデアを書き出す「ブレインライティング（Brain Writing）」である。

　グループでのアイデア出しといえば一般に、ブレインストーミング（Brain Storming）が実施される。だがブレストでは、声が大きい人、役職が上の人の意見が通りやすいことに加え、言い放して終わるケースが

ほとんどだ。ブレインライティングなら、全員が同じ立場で、同じ機会をもって参加できる。

なお、ブレストは細部にこだわると失敗する。なので、ホワイトボードなどにアイデアを書き出すなら太いペンを使ったほうが良い。太いペンだと、細かい点が書けず、大局的なことだけが残る。その絞られた大きな議題に対し、ブレインライティングでアイデアを付けていく。木で言えば、ブレストで幹を描き、そこに枝葉を付けていくイメージだ。

筆者が、ファシリテーターとしてアイデア出しのセッションを担当する際は、ブレインライティングをカスタマイズしたアイデア創出法を活用している（図5-8）。

1. テーマ選定
2. ファシリテーターから進め方の説明 & 参加者の自己紹介
3. セッション1 = アイデア書き出し

4. セッション2 = アイデアの仕分け

　　　　　　　　　　　〜　アイデア　×　行う回数　×　人数分
　　　　　　　　　　　〜　事務局が仕分けする間は、外部講師による講演

5. セッション3 = 分類の確認
6. セッション4 = 参加者全員による点数付け　　重要度、緊急度、実現可能性、発想力の基準で評価
7. セッション5 = アイデア選択の結果
8. セッション6 = アクションプラン策定 & さらなるディスカッション

図5-8：グループによるアイデア創出の手順

ライティングであるから書き出すのが基本である。大きなサイズの付箋紙を、実施回数分の色違いで用意し、参加者にアイデアを書いてもらう。短時間で効率よくセッションを進められるのが魅力だ。多くは、「重要度」「緊急度」「実現可能性」の3つの基準でアイデアを評価するが、ここに「発想力」を加えることが大切である。

自身のアイデアだけでなく人のアイデアを膨らませる

　アイデア出しのセッションで重要なことは、人のアイデアをどう膨らませていくかだ。つまり、最初のアイデアに対し「転用」「応用」「変更」「拡大」「縮小」「代用」「置換」「逆転」「結合」を図る。これがアイデア出しフレームワークで有名な「オズボーンのチェックリスト」だ。さらに「強調」「除去」「並び替え」「類似性の発見」「展開」を図る。既成の思考から離れ、さまざまな角度から縦横斜め自由にアイデアを巡らせる。

　よく「アナロジー思考」「マトリクス思考」「水平思考」などと言われるが、要は「抽象化する思考力」を養うことである。とかく日本人は、グローバルな環境で、この抽象化が苦手と言われている。これを克服するためにも科学的な手法で発想力を活かしたデータ分析を心掛けたい。

　筆者自身、自動車部品や国家予算など複数の分析プロジェクトにおいて要件を洗い出す際に、ブレインライティングを用いている。新たな領域を創造していく場合、なかなか明確な要件がない。何のデータを使って、何を知り、どうビジネス化していくかなどの意向がない場合は、アイデア出しセッションで対応するのである。

　これにより分析だけでも、相関分析、回帰分析、可視化、需要予測、競合分析など利用者目線のアイデアが短時間でいくつも出てくる。データサイエンティストが独断で決めるのではなく、先方のキーパーソンとも合意が取れるので、とても効率的な方法である。

偶然を大切にし閃きを得る

　アイデア出しセッションでは、全くの想定外なことが起こる。いわゆる「偶然」の中から、突飛なアイデアが出る、あるいはアクシデントが発生する。従来の方法では、突飛なものは無視し、アクシデントは収束させようとするわけだが、偶然出てきたことに自然に従うと、意外と役に立つ方向性が見えてくる。

具体例を挙げよう。アイデア出しセッション中に突然、PCがダウンし参加者が出したアイデアが消えてしまった。付箋紙に書いたアイデアの原本を壁に貼り出してセッションを続けることにしたが、その際に偶然、隣同士になったアイデアをつなげてみると完全な答えが得られたことがある。

　あるプロジェクトでは、データ分析を一緒にやるはずだったビジネスパートナーが前日になり突然、参加をキャンセルしてきたという苦い経験がある。偶然のアクシデントだが、そこで焦らず発想を飛ばし対応することで、新たなパートナーに出会え、期待以上の効果が出せた。

　大学時代、授業中に停電になったことがある。その時、教授は「暗くて見えなくても数学なのだから、手は使えなくても頭で考えればいい」と言い放った。当時は納得がいかなかったが、最近は、偶然に起こることで閃きを得られることが、とてもよくわかる。なお、ブレインライティング以外でも有効なセッションがある。「哲学シンキング」と言われるもので、問いに問いを重ねることで課題の本質を追い求める方法である。ブレインライティングと違いホワイトボードや付箋紙を使わない。答えやアイデアを求めるのではなく、あくまでも「問い」が主役だ。

考え方が異なる組織外との交流が重要に

　アイデア出しセッションでは、メンバーが同じだとアイデアも固定化されやすい。そのため全く違う業界や考えが違う人たちとの交流も大切だ。ビッグデータを活用し始めると組織におけるコミュニケーションのあり方が変わっていく。限られた組織内での分析と、組織外を活用したやり方は変革に応用できる。

【検証的手法による組織内の分析】
　組織内のメンバー間の意見交換やコミュニケーションは、生産性と深

い関係がある。ビッグデータ分析により社員間のやり取りを可視化すれば、コミュニケーションを最適化し、業務改善にも活かせる。分析結果を基にオフィスのフロアー配置で活用している事例もある。

【探索的手法による組織外の検索】

　組織改革や業務改善の成否には、外部からの新しいアイデアを持ち込めるかどうかが大きな影響を与える。組織内の関わりを増やすだけでは、同じアイデアが何度も行ったり来たりループしているに過ぎない。そこで外部からのアイデアの持ち込みが不可欠になる。

　筆者も外部講師として、因果関係・確率分布・可視化・分類・予測・ベイズ推定といった分析法について講演する機会が多い。その際は、参加者の発想力を刺激する内容を心掛けている。たとえば、ベイズ推定を受講者に理解してもらおうとすれば、ベイズの定理の式ではなく、図式化するアイデアを用いることで理解は格段に高まる。

　なお、ベイズ推定の基本である条件付き確率は、ベン図を用いて解いていける。ただ実際には、ベン図では分かり難いため、長方形を用いた図で解く方法がいい。これを筆者は「ベイズの長方形」と呼んでいるが、詳細は別の機会に譲る。

　以上、発想力についてみてきた。発想のセンスは生まれ持ったものだけではなく、日々の地道なデータ集めからも生まれてくる。ポイントは、どう紐付けるかであり、それを意識していけば良い。紐付ける力と同時に「辞書化する力」「抽象化する思考力」が発想力では必須である。

　データ分析によってビジネスを進めるうえでは、既存の法則を知る、もしくは法則を発見したほうが円滑に進められる。その観点で、次節から『ビッグデータの法則』について解説する。

第5章　ビジネス編　153

第6章　ルール編

6-1　ビッグデータの法則：その1＝95％は信頼できない

これまで、データ分析の基本的な考え方や、分析に必要な各種の"センス"について解説してきた。センスとは各々の人に備わって醸成されていくものだ。データ分析のセンスがない場合でも、ある程度形になった結果を出すには法則を知っておいたほうがいいだろう。そうすることでセンスが養われていく。本節からは、ビジネスやデータ分析に役立つ考え方として、筆者が「ビッグデータの法則」と呼ぶルール群について解説する。

　ITの世界は複雑化する一方だ。その潮流を的確に押さえるためには、覚えやすい順序に並べるのも1つの方法だ。

　たとえば最近の経済紙・誌などで使われているものに「CAMBRIC（キャンブリック）」がある。「Cloud Computing（クラウド）」「AI（人工知能）」「Mobility（モビリティ）」「Big Data（ビッグデータ）」「Robotics（ロボティクス）」「IoT（モノのインターネット）」「Cyber Security（サイバーセキュリティ）」の頭文字を取ったものだ。

　これら7つのキーワードが入り組んだ時代には、これまでの常識や法則が通じない事象が起こる。そして、これらすべての礎になるのがビッグデータである。

　ビッグデータの特徴は、4つのV、すなわち「Volume（大量）」「Variety（多様）」「Velocity（速度）」「Value（価値）」である。そのビッグデータと対峙し、ビジネスやデータ分析などに役立てようとすれば、特徴のそれぞれにルールがある。(1) 95％は信頼できない、(2) 振り子現象、(3)

156　第6章　ルール編

数字の魔力、(4) 広がる格差、である（図6-1）。

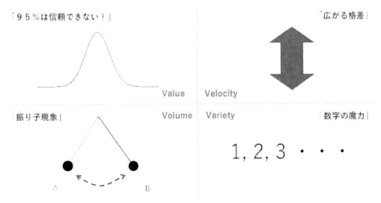

図6-1：「ビッグデータの法則」の4つのルール

　すなわち、大量の資産（データ・ヒト・モノ・カネ）が2つの事象の間を行ったり来たり移動を繰り返す（振り子現象）ため、考えられない早さで格差が広がってしまう（広がる格差）。そこには数字にまつわる多様な法則（数字の魔力）が存在し、従来信じていた領域外から新しい価値を見いださなければならない（95％は信頼できない）。これらを総称し筆者は「ビッグデータの法則」と呼んでいる。今回は（1）95％は信頼できない、について説明する。

ルール１：95％は信頼できない

　「95％は信頼できない」は、ビッグデータの法則にあって最大のルールである。データを扱う際に、どこに重要なデータが集まりやすく、どういう傾向があるかを知る手掛かりを示している。
　すなわち、95％が信頼できなくなり、残りの5％から価値を探す必要がある。これが「95％は信頼できない！」というルールだ。これは、ビジネスそのものが常に変化し、従来の法則に沿わなくなっていることを

認識しなければ、有効なデータ分析はできないということである。

　具体例を挙げよう。たとえば日本の国債の大多数は日本人が保有しており、海外保有率は2015年9月以前は1ケタ台、2018年9月末時点で11.59%である（資金循環統計、日本銀行より）。ところが金利変動に影響するのは、海外保有の中で動きの早いもの、つまり全体の5%程度なのである。

　同様に、為替においても、変動が大きな5%の値だけをつないだ時系列のグラフと全体のグラフの形は似ている。逆に、残り95%のグラフは全く違ったものになる。

　これは、国債や為替に限った話ではない。従来は、信頼できると考えられていた95%のエリアだけでは、CAMBRICの時代には不十分になっている。むしろ95%を無視し、5%のみをとらえれば全体像がわかるといっても過言ではないほどだ。それほど希少性が問われている時代だといえる。たとえば、ヘルスケア分野でも希少疾病が約7000もあるが、日本の製薬メーカーも希少疾病への医薬品の開発を加速させている。当然、社会貢献もあるだろうが、希少の場合は競合が少なく、中長期にわたり薬価の維持や収益確保が期待できる。また、ビットコインの取引額の95%が偽装疑惑というニュースも出た。ここでも95%という数字が深い意味を持つ。

　企業ではかつて、「パレートの法則」に従っていた。売上高の80%は、誤差である5%を省いた95%の中で良く売れる20%の商品群が占めていた（図6-2の①）。

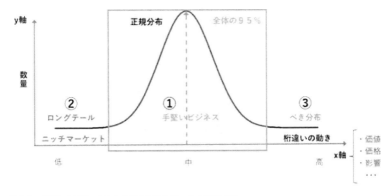

図6-2：手堅いビジネスを支える95％のデータと誤差5%

　それが、米Googleが登場した1998年頃から「ロングテールの法則」が注目を浴びるようになった。これは、正規分布の左側の誤差を分析したものだ（図6-2の②）。年に1個か2個しか売れないような商品でも、商品数が多くなれば、それなりの売上高になる。

誤差として処理してきた領域が重要に

　ここで忘れている箇所がある。右側の誤差の領域だ（図6-2の③）。ここはケタ違いの動きをするものの集まりである。このケタ違いの動きを表したところを「ベキ分布」という。これまでは、あまりにも、つかみにくいエリアのため、敢えて誤差として処理されてきた。それがデジタル時代になり注目の的になっている。

　今、デジタルトランスフォーメーション（DX）が話題だが、DXを一言でいえば「変革」である。変革とは、それまでの概念を壊し新しいものを創出することだ。従来は、商品でも人材でも何でも95％を分析していたが、今の課題は、左右の誤差にどう対処するかである。

　実際、IT産業は右側の誤差が世界を牛耳っている。Google、Amazon、

Facebook、Apple、Microsoftの米国企業5社で、GAFAm、FAAMG、GAFMA、Big5などと呼ばれる。Microsoftの代わりにNetflixを入れてFAANG、Appleを外してFANGともいう。この企業の数が5〜6社というのが実に興味深い。

かつて米IBMの創始者は「この世の中にコンピューターが売れる市場は5台程度しかない」と言った。この「5」という数字は、いまや現実味を帯び「6」という完全数に近付いていると推測できる。

データ分析は数学が1つの礎になっている。この数学をうまく活用した例の1つが貴族のギャンブルである。ギャンブルで負けるのは、賭け事の回数を増やし同じ金額を賭け続けるからだ。よく「ビギナーズラック」という言葉を耳にする。これは、最初の1回は意外と勝てるということで、それは数学的にも立証できる。

ビギナーズラックは、正規分布の右側の誤差の範囲に、いかに入るかということだ。回数を増やせば増やすほど真ん中のエリアが大きくなるため、数学的には分散が小さくなり、勝てる確率が低くなる（図6-3の右側グラフ）。

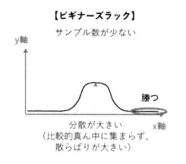 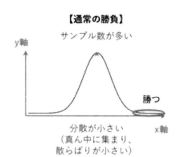

図6-3：ビギナーズラックが起こる理由

では勝つにはどうすればよいか？逆のことをすれば良い。
・短期決戦（正規分布の真ん中のエリアを低くする（図6-3の左側グラフ）

・ここぞという時に賭け金を大きくする

　ビジネスでも同じことが言える。短期決戦で、ここぞという時に、資金や人材などを投入する。加えて、人がまだ気付いていない領域で、自らの土俵で勝負することだ。繰り返すが、従来信じられていた95％を信頼せず、新しい考え方を持つこと、これこそがデジタル時代の鉄則である。

今後は「99.9％は信頼できない」時代に突入か

　ただ、人間が先祖から受け継いでいる遺伝情報をみれば、民族などによる特徴は、たった0.1％の遺伝情報の相違で現れてくる。5％どころか0.1％が決め手なのだ。時代は今後「99.9％は信頼できない」に突入していくのかもしれない。

　実際、データ分析プロジェクトで解析に取り組んでいると、意味のあるデータは全体の5％未満であることが多々ある。筆者が国の委託調査費を調査したところ、将来の施策に影響を及ぼす委託調査は。やはり5％程度だった。

　委託調査費は、国が今後の施策の参考にするため民間企業や公益法人等に調査・分析などを委託するための費用である。内閣府、総務省、国土交通省の3省について重複を省いて集計すると、2014年に633件、2015年に847件、2016年は1660件の委託調査があった。これを解析した結果、将来へ大きな影響を与える項目はせいぜい5％だった。数年分をまとめて絞り込むと0.1％にもなってしまう。

　自動車部品の分析でも、潜んでいる課題点につながる部品、あるいは今後伸ばしていくべき部品なども全体の5％になる。人の分析でも、会社を引っ張っていく影響力のある人材は5％、企業名や商品名というブランドに関するアンケートで役立つコメントは約5％である。

　ネットビジネスなら95％の無料会員と5％の有料会員でビジネスモデルが構築されている。ヘルスケア分野であれば、予防・治療・介護の領

域で、運動・食事・睡眠という生活習慣で病気につながる5%の属性をどうあぶり出すかである。

　コスト削減、新規ビジネス開発のいずれであっても、ただやみくもにデータを分析するのではなく、ある属性をx軸にしたときに現れる確率分布における端の5%程度（図6-2の③）をターゲットにすればいい。選ばれた5%を解析していけば芋づる式に候補が出てくる。その属性が何かはコンサルテーションの領域だ。

データをいかに捨てるかが重要

　このように、ヒト・モノ・カネ・ブランド・データという5大アセットの全体から見ると5%程度、絞れば0.1%に大きな価値があるようになってきた。そこでは、少数の例外値、つまり希少性を発見する手法が望ましい。

「Triplet loss」という函数が、その一例だ。Tripletは「三つ揃い」という意味で、3つの要素（Anchor、Positive、Negative）を中心に機械学習される。顔認識での違いや、スナップ写真からファッションアイテムを検出したり、個人の嗜好に合わせて重複を省いたニュースを配信したりなどに使われている。

　このように「95%は信頼できない」というルールが示しているのが、データ分析においては、データをいかに捨てるかがポイントだということである。最近、多用されるようになってきた「スパースモデリング」や「ベイズ推定」も、こうした考え方に沿っている。

　スパースモデリングは、間引いて観測されたデータに着眼するもので、全体の20%程度に間引いたデータから全体を創造し真実を効率的に探索していく。一方のベイズ推定は、分析者の主観でもって条件を設定することで無駄なデータを捨て確率の信頼性を高めている（3-1参照）。

　次節は、ビッグデータの法則から「振り子現象」を説明する。データ

162　　第6章　ルール編

分析において繰り返しパターンを読み解けば効果的に予測ができるというルールである。

6-2　ビッグデータの法則：その２＝振り子現象、すべては繰り返す

6-1 から、ビジネスやデータ分析に役立つ考え方として、筆者が「ビッグデータの法則」と呼ぶルール群について解説している。本節は、ビッグデータの２つ目の法則である「振り子現象」について解説する。

　振り子現象とは、ＡとＢの２つの事象が繰り返し発生する状況を指す。筆者の分析経験においても、振り子のような繰り返しを数多く見てきた。ヒト・モノ・カネ・ブランドなど、社会や企業にとって必要な資産の特徴はデータに如実に表れてくる。地震や火山の噴火など予知が難しい領域であっても、過去のデータを分析し振り子現象を発見できれば、予知に匹敵する効果を得られる。

　社会現象には、さまざまな繰り返しがある。以下では振り子現象の例として、社会の「集中と分散」「米と金」「左極と右極」を紹介する。考古学・歴史学では諸説あるという前提で説明したい。

人口は集中と分散を繰り返している

　人に関する振り子現象に人口の集中と分散がある。縄文時代の日本人は東日本に数多く住んでいた（図6-4）。その理由は明確だ。主な食糧にしていた鮭やクルミが豊富で、狩猟が容易だったために東日本で人口が増えたのである。

164　第6章　ルール編

図6-4：日本における人口の集中と分散

　縄文時代後期に稲作が北九州に伝わって以後、弥生時代には、稲作に適した温暖な北九州・西日本・近畿で人口が増える。同地で日本人は開墾を進める。平安時代には震災が起こりやすい時期が30年以上続くが、西日本を開拓し尽くした人々は鎌倉時代に入り関東の地に米作りの場を求めた。人口が集中すると都市は繁栄し、新しいことが起こってくる。

　世界では人口が10億人に達するのに10万年がかかったが、そこから倍の20億人になるのには、たった100年。その後の100年で3倍の60億人にまで増えた。このように増えるパワーは圧倒的だ。

　当然、反動による人口減も起こる。マクロ的にみれば日本では過去4回、人口減が起こっている。上述した縄文時代の後半と、平安時代の後半から鎌倉時代初期、江戸時代の後半、そして平成の後半である。

　ただし分散が悪いというわけではない。人口の分散、つまり地方分権が進んだ時には、特産品が開発されネットワーク網（運輸等）が発達し、

イノベーションが起こりやすい。

経済は米と金を繰り返している

　歴史的に、人にとって大切な経済は米と金の間で繰り返し循環されている。日本では弥生・飛鳥・奈良の時代が米中心の経済だった。ここで米中心と言っているのは、米そのものだけでなくモノ（食糧）という広い意味もある。

　米の量を表す単位に「石（こく）」がある。1石は概ね成人が1年間に消費する量である。石高で雇える家臣の数が推定できる。藩の規模も百万石などと米の単位で表した。

　金中心の経済が初めて現れたのが平安時代である。その後、米と金が振り子のように動き、経済の中心が入れ替わる（図6-5）。

図6-5：日本における経済の米中心と金中心の繰り返し

　人が生きている間に見られるのは、せいぜい50〜100年程度だから、大きな流れの変化を感じ取るのは難しい。しかし、必ず揺れ戻しが起こることは知っておきたい。昭和後半〜平成は金中心の経済である。振り子現象で言えば次は米（食料）中心の経済になるが、令和の時代に、その揺れは起こり始めている。

世界情勢は左極と右極の繰り返し

　政治・経済・金融の分野では、左極と右極の繰り返しが起こっている。左極では統合化・自由貿易・規制緩和が、右極では分裂・保護貿易・規制強化が、それぞれの特徴だ。時期も繰り返されている（図6-6）。行き過ぎると逆方向に向かうという自然の流れである。EU（欧州連合）が成立したのも左極の時期である1990年代だが、2010年頃から現在は国際的に保護主義が台頭している。

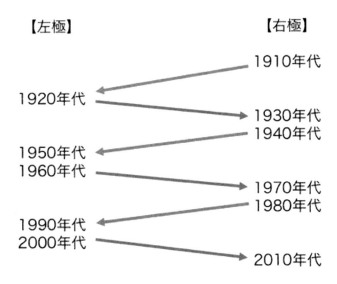

図6-6：世界情勢の左極と右極の繰り返し

　そして現状は「Cold War（冷戦）II」だとされる。Cold War IIは「第2次冷戦」「New Cold War」「Technological cold war」とも言われる。米国と中国が対峙する状況だ。
　Cold War I（第1次冷戦）時は米国とソ連が対峙していた。その間の1964年に東京オリンピックが、1970年に大阪万博が開かれた。キューバ

危機が起こり、最終的にはソ連が解体した。

　Cold War IIでも状況は近似している。2021年に東京オリンピックが開催され、2025年は大阪万博だ。そして北朝鮮問題の台頭と、あまりにも状況が近い。そうなると大国の解体もあり得るのではないかとも思う。

　このような地政学的なリスクを知ったうえで日本の対策を打ち出さねばならない。Cold War Iの1945年〜1989年の約45年間に起こったことから教訓を得て2045年頃までの知恵にしたい。

テクノロジーも集中と分散を繰り返している

　世の中の動きをみてきたが、テクノロジーの分野でも振り子現象は起こっている（図6-7）。1960年代に汎用コンピューターが生まれ事務の効率化が図られた。集中化が起きビジネスが活性化していく。1985年からはPCが登場しコンピューターの大衆化が進み分散化が推進される。この時期は法規制が強くなった。

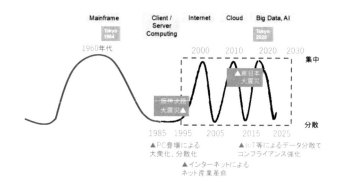

図6-7：テクノロジーの集中と分散

次に、インターネットによるネット産業革命が始まったのは1995年である。米Amazon.comが創業したのは1994年だ。この時期がクラウドコンピューティングの原点だと言える。クラウド内にサーバーとデータが集まり、新たなビジネスモデルが多数発生した。

　クラウドの時代、人間とコンピューターは分離され、コンピューター同士がクラウド内で結びつきイノベーションが起こっている。元来、人間とコンピューターは相性が悪い。両者を引き離すことで、これまでの概念がひっくり返った。まさに社会変革と言えよう。

　2010年頃にはビッグデータが注目を浴び、データを集中に新しいビジネスが考え出される。さらに2015年頃にIoT（Internet of Things：モノのインターネット）が広がりデータが分散していく。ここでもコンプライアンスが強化される。すなわち、集中の際には新しいビジネスモデルが生まれ、分散の際には規制が強まるが、それに対応することでも変革が起こる。

　景気の循環では、家の買い替え需要に関連する「クズネッツの波」（約20年）、設備の平均耐用年数による「ジュグラーの波」（7〜10年）、商品の在庫が一時的に過剰になる「キチンの波」（40カ月）が有名だ。

　同じような循環が、産業革命以後、約50年で新しい技術革新が起こっている（図6-8）。これを「コンドラチェフの波」と呼ぶ。コンドラチェフの波に沿って、ヒト・モノ・カネも集中と分散を繰り返す。

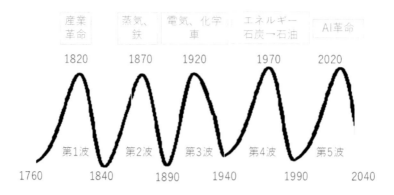

図6-8：テクノロジーの波

繰り返しはデータ分析で読み解ける

　過去の歴史における繰り返しをいくつか紹介したが、これらはデータさえあれば読み解ける。いずれの事象でも、データ分析によって繰り返しパターンを見抜くことが肝要だ。4-5で述べたトポロジカルデータ解析でも、ヒト・モノ・カネ・ブランドといったデータの点の散らばり方（＝分散）や重なり（＝集中）を読むことで真実が分る（図6-9）。

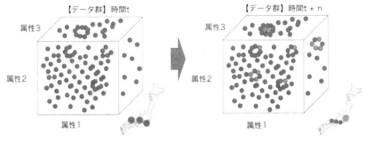

図6-9：データ分析で繰り返しを読む

　たとえば、多くのヘルスケア関連の分析では、支出した医療費などを可視化し47都道府県で比較している。総額で東京・大阪が多いのは当たり前で、敢えて可視化することもない。一歩進んで1人当たりの金額を出すこともあるが、これも普通の分析だ。

　これに対し、一時点ではなく、ある時間を経た後のデータの変化、言い換えるとデータの移動を考えてみるとどうだろうか。その場合は、いち早く変化する、あるいは、最後まで残って変化しないデータが意味を持つ。通常分らないことを分析結果として導きだすことに意味がある。

　避難勧告を出すタイミングを考えてみよう。台風・火山爆発など災害に対し早期に避難勧告を出すと、住民の中には、あまりにも早く避難場所に来る人たちと、最後まで自宅に残っている人たちがいる。早く着すぎると避難場所の準備ができておらず入れないし、最後まで自宅に残っている人は手遅れになる可能性が高い。また避難勧告を解除するタイミングも難しい。遅れると住民の不満が増えたりコスト増にもなったりしてしまう。

　適切な避難勧告を出す、もしくは解除するタイミングを分析する必要

がある。住民行動に関するデータを何回か取れれば、避難・移動・遅れなど繰り返しパターンを把握でき、そのパターンを分析することが災害対策の役に立つ。

筆者は以前、人のミスについて分析したことがある。人はなぜか同じミスを繰り返してしまう。それも局所点が存在し、ミスが集中する時期とミスが少なく分散する時期がある。これも繰り返しパターンを知れば、対策を打ちやすくなる。

最近では、AI（人工知能）を前提に人海戦術でデータを入力する例をよく耳にする。どうしても人手で行わなければならない理由も理解できるが、人手では入力ミスも増える。ただ、データ入力の失敗の仕方にも規則性がある。その法則を見つけ出せればミスを探しやすい。不正も同様だ。人が犯す不正の繰り返しパターンも分析しておけばいい。

繰り返しパターンを見抜くための３つの着眼点

繰り返しパターンを見抜くためにデータを見る際は、次の３点に注目したい。

（1）データの点を膨らませることによる「穴の数」の違い

（2）データどうしの「つながり方」の違い。データのランダム性や、対称性、単純性、規則性などの有無をつかむ

（3）時間による「遷移」での違い

これら穴の数・つながり方・遷移の３点で繰り返しパターンを見抜いていく。たとえば、人口の集中と分散の繰り返しであれば、日本地図に人口の大きさを点としてマッピングすると時代の遷移による違いが明確になってくる。

経験的に言えば、国家予算、自動車部品、商流など、各分野で使われるデータのそれぞれに独特の繰り返しパターンがある。そのパターンをいち早く掴むことに意味がある。どう分析しても解が見つからない場合

は発想を変え、繰り返しパターンを省いた残りに解が眠っていることもある。

　以上、振り子現象を見てきた。次節は、『ビッグデータの法則』の3つ目である「数字の魔力」を説明する。筆者が実務でデータ分析する際に、とても重宝している数字を紹介したい。

6-3　ビッグデータの法則：その３＝数字の魔力

6-1から、ビジネスやデータ分析に役立つ考え方として、筆者が「ビッグデータの法則」と呼ぶルール群について解説している。前節までに「法則１＝95％は信頼できない」と「法則２＝振り子現象」を取り上げた。今節は「法則３＝数字の魔力」について説明する。

データ分析で競合に差を付けるには、以下の５つの視点が不可欠である。

視点１：違和感に気付く（他との違い、以前との違い、不正の発見など）

視点２：未知のことを探り予測する

視点３：既知のルールを応用する

視点４：適切な仮説を作る

視点５：効率的に分析できるデータ量を知る

これら５つの視点を磨くために、筆者が使っている法則の中に「数字の魔力」と呼べるものがある。その中から今回は7つを紹介する。

数字の魔力１：ベンフォードの法則

ランダムに数字を並べ、その先頭に来る数字を調べると、ある奇妙な法則に出会う。普通は「1」から「9」の数字が均等に並びそうなものだが、実際は「1」が一番多い（30.1％）。続いて「2」（17.6％）、「3」（12.5％）、・「9」（4.6％）になる（図6-10）。これが「ベンフォードの法則」で、米国の物理学者ベンフォードが2万ものサンプルを調べて得た。

174　第6章　ルール編

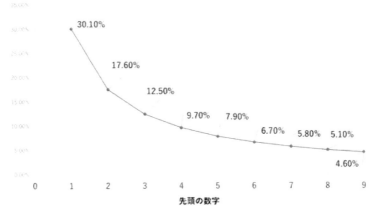

図6-10：ランダムに数字を取り出したとき、先頭の数字の出現率を示した「ベンフォードの法則」。不正を見抜いたり未知のことを探るのに有効だ

　ベンフォードの法則は、不正を見抜いたり、未知のことを探ったりする場合にも使える。筆者が国家予算の補助金や委託調査費などのデータを毎日分析した際にも役立った。たとえば予算項目の決算額で、ベンフォードの法則に従わない数字について精査すれば、そこに解が眠っていることが少なくない。

　他にも、数字にまつわるものならば幅広い領域に適用できる。株価、雑誌や新聞に出てくる数字、世界各国の国土面積など、自然現象や社会現象の数値に使える。ただし、電話番号や宝くじの番号のように、あるルールに従って採番された数の並びには当てはまらない。

数字の魔力２：モンモール数

　学校などの席替えをくじ引きで実施した際、誰かが同じ席になる確率は約63％である。同様に、クリスマスに複数人が集まってプレゼントを交換する際に、無作為に行うと誰かが自分が持ってきたプレゼントに当

たってしまう確率も約63％になる。これを「モンモール数」という。

モンモール数は、ある限られた数量を複数の人・部署・組織などで毎回分ける場合、前回との違いを検出する際に、データの中に"違和感"を感じ取るのに役立つ。たとえば、国家予算のデータを分析する際に、年度毎に各予算項目で前年度と同じ決算額になる確率を、このモンモール数で予測しておけば、データのモデリングにおいてデータ入力の間違い発見などに利用できる。

なお、席替えやプレゼント交換などが成功する確率は約37％であるが、これは、後述する「ネイピア数」の逆数である。

数字の魔力3：黄金比（1:(1 + √5)/2 ≒ 1:1.62）

名刺やクレジットカード、文庫本などの縦横比は、概ね「1:1.62」である。この比率が一番安定するからで、これを「黄金比」という。

黄金比は、さまざまなところに登場する。たとえば、直前の2つの数の和を次の数とする数列を考えてみよう。これは「フィボナッチ数列」と呼ぶ（図6-11）。フィボナッチ数列で、ある程度数が大きくなると、数列の隣り合う数の比が限りなく黄金比に近づいていく。

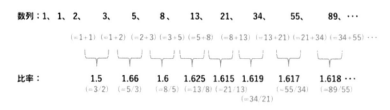

図6-11：「フィボナッチ数列」に出現する黄金比。"差"に解が眠っている

データ分析では通常、数字そのものを重視するが、データ分析で得られた数値の差、あるいは、その差の差を並べることで新たな事実が見つ

かる。4-5で述べたスパースモデリングでも"差"が重要になる。空間把握や画像分析においては、隣り合うピクセルの色は似ているので、その"差"をとればスパースになるという特性を活用して分析する。

なお、黄金比の応用で、為替の大きな流れが約162カ月で変わるという説がある。この場合、知られているルール、つまり黄金比を応用することも大切だ。

数字の魔力4：白銀比（1：√2 ≒ 1：1.414）

長方形の長辺を中点で2分割してできた長方形が、元々の長方形と相似であるようにした場合、その辺の比が「白銀比」になる（図6-12）。

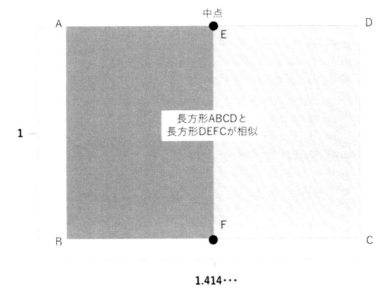

図6-12：白銀比。相似箇所にも気付きの発見がある

A4判、A5判など用紙の縦横比は白銀比になっている。キティちゃん

の顔の縦横も白銀比だと言われているし、菱川 師宣の見返り美人図も人物で白銀比が見られる。日本の美術や建造物で用いられることが多いことから、白銀比は日本人の感性に合うと言われるが、その証拠となる確固としたデータがないのが現状だ。

全体と、その一部が相似というパターンは、フラクタル（全体と部分が相似関係にある）でも出てくるが、データ分析において"相似"は1つのヒントになる。ある領域の分析で、すでに事実が見つかっていれば、相似の箇所にも必ず発見があるからだ。しかし、他の箇所での分析で気付きがなければ、その相似の箇所にも概ね気付きはない。

4-5で「データの美」を述べた。自然界には、対称性が高く調和のとれた幾何学的な模様を生み出す"美"が存在する。雪の結晶や、冠のような水滴、水の波紋、ハチの巣、リアス式海岸、葉脈などだ。リアス式海岸などが持つフラクタルは美の象徴でもある。自然界の至る所で見られるこれら現象をデータ分析の分野に取り入れた新しいデータ構造や分析手法も必要になるだろう。

数字の魔力5：完全数

ある数字の約数をすべて足すと、その数字になる数が「完全数」である。たとえば、「6」の約数は「1、2、3」だが、これらを足す（1 + 2 + 3）と6になる。6は完全数である。6以降の完全数には、28、496、8128がある。人類や宇宙にとって意味のある数字とされ、超弦理論（超ひも理論とも言う）でも、496は意味のある数字になっている。

統計学や数学を用いて分析していくと、分析結果が完全数に近付くことがある。安定する数を知ることは予測で役に立つ。5-3では「6年カレンダー」について、6-1ではIT産業において中心となる企業数として「6」を説明した。「6」という完全数は、身の回りのサイクル（小学校6年、中高6年、大学・大学院6年）とも密接である。暦注の1つに六曜があるが、

これも大安・仏滅・先勝・先負・赤口・友引の6つのサイクルからなっている。

　基本のサイクルを「6」にしてみても良いだろう。何か試すのも6回、全体からサンプルを取るのも6個あるいは6%、何か行うなら毎月6日、ディスカッションする人数も6人などだ。雪の結晶やハチの巣も六角形で安定し、正六面体も身近に満ちあふれている。心理的にもアンガー・マネジメントで怒りを鎮めるために1から6までを数える方法があるのも、怒りのピークが6秒だからだ。

　地球レベルの話では、過去に地球上の生命は「ビッグファイブ」と呼ばれる5回の大絶滅を経験している。次は6度目の大絶滅（Sixth Extinction）においては人類は生き延びられない可能性もあるという。完全数は重要な意味を持っている。

数字の魔力6：「78：22」の法則

　空気の窒素含有率は78%で、体内の善玉菌と悪玉菌の比率は「78：22」だと言われている。富裕層が占める資産も全体の概ね78%という説が存在する。分析において、ある仮説を立てる場合、この「78：22」の法則に沿って計算することがある。経験もなく、根拠が何もないところから仮説を作るには、何かしらの法則に頼るほうが効率がいい。

　たとえばベイズ推定で事前確率を作る際、とりあえず仮の確率を使って計算することが認められている。これを「理由不十分の原則」という。そこで確率が全く分らない場合、等確率、つまり選択肢が2つならば50%、3つならば33%と考えるように教科書に書かれている。この方法も有効ではあるが、筆者は「78：22」の法則を使って検証することがある。

　具体的には、迷惑メールが届く確率をベイズ推定で解く場合、受信するメールの中で正常メールが78%、迷惑メールが22%と事前確率を決めて推論していくのだ。経験値から主観的に決めても良いが、このような

第6章　ルール編　179

目安も必要になる。

なお金融機関に行くと、「72の法則」という話を聞くことがあるかもしれない。金融機関に預けた元本が2倍になるような年利と年数を簡易的に計算する方法である。全くの別物ではあるが、数字を使った法則はさまざまな業界で利用されている。

数字の魔力7：ネイピア数（e）

最適停止問題として知られる次のような問題がある。

秘書問題：面接で秘書を1人採用したい。応募者は100人いる。面接を丁寧にすれば良い人が見つかる。ただし面接ばかりしていると全員が終わるまでに時間がかかってしまい、早い時点に面接した人を逃がしてしまう。どこで決断すればよいか？

この問題を解く方法の1つにネイピア数を使う方法がある。ネイピア数とは、通常「e」と表記させる定数で、「約2.718」という無理数である。

ネイピア数による答え：応募者数を「n」とすれば、（n／e）人までは採用しない。（n／e）人で貯めたデータを元に、（n／e）＋1人目以降で（n／e）人の誰よりも良い応募者が現れれば即採用する。

実際に数字を入れてもみよう。応募者が100人なら、100／eは「36.78」だから、37人目までは不採用にしてデータを集め、38人以降で、それまでよりも良い応募者がでれば即決すればよい。ほかにも、アパート探しやお見合いによる結婚相手を決めるなどに有効とされる。

1／eは「約0.3678」、つまり約37％のデータがあれば十分で、あまりにデータを取り過ぎても駄目ということなのだろう。古代ギリシアの哲学者アリストテレスが挙げた「中庸（メソテース）」という考え方が、データ分析でも大切だ。「過ぎたるは及ばざるがごとし」という諺もある。実ビジネスでデータをどこまで取るかという場合、「37％」も貴重な数字と言えよう。

6-1で述べたが、スパースモデリングでは20％程度でデータ全体を創造できる。経験的に言えば、モノを対象にした分析では全体の20％程度、人の場合は全体の37％程度のデータを取れば全体を推定できると考える。ただし、真実につながる肝は、モノで5％、人なら0.1％程度のデータで概ねが決まってしまうことは避けられない。

何事も事前に十分に分析し自らに合致するものを創造せよ

　これらのほかにも、暗号における素数のように、数字は世の中で重要な役割を果たしている。歴史を振り返ると、古代ギリシアのピタゴラスは「万物の根源は数である」と言ったとされる。現象には一定の法則があり、その法則は数字で表せるという意味だ。ITの世界でも、1965年に「ムーアの法則（半導体の集積度は18カ月で2倍に増える）」が、2000年には「ギルダーの法則（通信網の帯域幅は6カ月で2倍の早さで拡大する）」が提唱されている。

　実際の分析でも法則は、とても役に立つ。ベンフォードの法則や、モンモール数、黄金比、白銀比といったビジネスで役立つ数字や法則を、いかにデータ分析で見つけるかがビジネス成否の鍵になる。

　昔から日本では、情報に頼らず、ぶっつけ本番で戦うほうがかっこ良く、事前に調べることは卑怯だと思われる節があった。その傾向は現在も残っていて、分析を苦手とするばかりか、毛嫌いする人も少なくない。結果、自ら新しいものを創造せず、グローバル化に対応するといいながら、「日本型」「日本版」の冠を付けて日本には合わない海外の制度の模倣品を作りだしてしまうのだ。

　何事も事前に十分に分析し、自らに合致する新たなものを創造しなければならない。その際に役立つのが「ビッグデータの法則」である。国レベルで統計を取っても、自らに都合の良いように身内からデータを取得したり、歪に加工したりと信頼度があまりにも低い。統計不正に対処

第6章　ルール編　181

し嘘を見ぬくには、公表された結果を鵜呑みにせず、さまざまな法則や自分の価値観に照らして、自ら判断したほうが良い。

　次節は、もう1つの「ビッグデータの法則」である「広がる格差」について説明する。

6-4　ビッグデータの法則：その４＝広がる格差、なぜ格差が広がっているのか？

ビジネスやデータ分析に役立つ考え方として、筆者が「ビッグデータの法則」と呼ぶルール群を6-1から解説している。これまでに「法則１＝95％は信頼できない」「法則２：振り子現象」「法則３＝数字の魔力」を取り上げた。本節は、4つ目の法則である「広がる格差」について説明したい。

　世の中には哲学的に大きな原則がある。「勉強を頑張れば目標の学校に入れる」「精一杯働けば収入が増える」「本をたくさん読めば心が豊かになる」などだ。もちろん「勉強を怠れば志望校に落ちる」「仕事をさぼれば収入が減る」「本も読まずスマホでゲームばかりしていては教養がつかない」なども原則である。

二極化や分裂により格差社会が一層広がる

　人間は元来「努力して何かを得る」「努力しなければ何かを失う」という大原則で成り立ってきた（図6-13）。英語の諺にも「Hard work has a future payoff. Laziness pays off now.（一所懸命働けば将来報われる。怠惰は今すぐ報いを受ける）」がある。

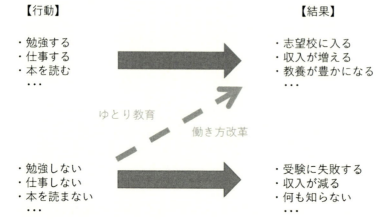

図6-13：哲学的な大原則

　こうした大原則を破ったのが、ゆとり教育だろう。頑張らなくても良い学校に入ろうとし学校の教科書は薄くなった。2003年に小学校3年生の算数の教科書の厚さを測ったら、たった2mmしかなかった。円周率π（= 3.1415…）も丸められ「π = 3」とした時期すらある。

　本来、人は怠けて目標を達成できる存在ではない。ところが無理やり、不自然な流れを作ってしまった（図6-13の斜めの線）。そのため、頑張っても報われないワーキングプアが誕生した。2018年には「働き方改革」が国会で盛んに議論されたが、これも哲学的な大原則に逆らう不自然な形になれば、ゆとり教育の二の舞になるだろう。

　米国には「one-percenter」という言葉がある。超富裕層のことだ。残り99 percentは庶民を意味し、one-percenterは格差を表している。上位1%が全資産の40%を占め、逆に下位90%は所得について半世紀近く沈滞したままで、格差は一層広がっている。

　「polarize」という単語もある。多くは「分裂する」と訳されるが「二極化する」という意味もある。富裕層と貧困層に二極化し、英国がEU離

脱を巡って分断・分裂することなどを表現する際に使われる。二極化や分裂が今後のキーワードであり、格差社会が一層広がるであろう。

AI（人工知能）を使いこなせるかどうかで格差は、より深刻に

データ分析においても同様のことが起こっている。データが日々増大し、ビッグデータ化するなか、ビッグデータに埋もれた価値を見いだすことは、以前より難しくなっている。このことが、格差をより広げている。

加えて、人がAI（人工知能）を使いこなせるかどうかで格差は、より深刻になると予想される。AIがビッグデータを駆使することで予測精度が劇的に高まり、分析速度も速くなる。結果として格差が広がっていく速度も速くなる。「AIシンドローム」と言える状況が訪れる。

たとえば就活時に、今後はAIが、さまざまなビッグデータを利用して候補者を選別するようになるだろう。つまり、AIが人を判断し格付けすることで、二極化・分裂が進み、格差は、ますます広がっていく。AIが格差を助長し社会をぶっ壊していく過程でも、人は生き残らなければならない。

人の5大要素

AIが我々に迫ってくるなか、まずは、人そのものについてみてみよう。外部環境にさらされる人の生命は、以下の5つの要素から成り立っている（図6-14の左）。

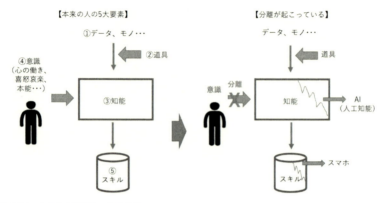

図6-14：人の5大要素と、その分離

人の要素1：外部環境からの入力（データや食べ物、空気など）に対応すること
人の要素2：道具を使うこと
人の要素3：知能を磨くこと
人の要素4：意識を持つこと
人の要素5：スキルを得ること

　最近は、歩いていても、電車に乗っていても駅で待っていても、ほとんどの人がスマホを使っている。自転車に乗っている人、ベビーカーを押している人、自動車やバイクに乗っている人ですらそうだ。大多数の人が自分で"知能"を使わず、スマホに任せている。つまり、知能（人の要素3）と意識（同4）の分離が発生している。
　知能と意識は従来、密接にからんでいた。その分離が起こり、知能が人から流出しAIに置き換わってしまう。無意識のうちに知能が使われる可能性があり、過ちも増えるに違いない。手書きが漢字変換や音声入力に置き換わることで人の漢字能力が弱くなる。計算機の登場で人の計算能力は落ちた。今度は、スマホやAIによって、考える能力に影響が現れ

るだろう（図6-14の右）。

IT（データ分析）の5大要素

次に、人間が処理してきたことをデータ分析の立場から見てみよう。人の生命と比較してデータ分析を考えると、人の要素と同じく5つの重要な要素がある（図6-15の左）。

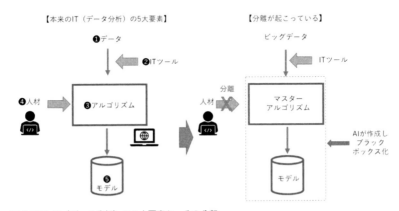

図6-15：IT（データ分析）の5大要素と、その分離

データ分析の要素1：データ
データ分析の要素2：ツール
データ分析の要素3：アルゴリズム
データ分析の要素4：人材
データ分析の要素5：モデル（推論モデル・経験モデル）

従来、人が俗人的にデータ処理し、規範となるモデルを構築してきた。データサイエンティストのような教育を受けた人材が、適切なITツールを用いて、データを科学的に分析する。見合ったアルゴリズムを考え、データを処理し、逆問題として経験モデルを、順問題として推論モデル

を、それぞれ作成する。逆問題は結果から原因を探求し、順問題は原因から結果を追究する。

データ分析にAIが介入すると、データをAIが処理するため、アルゴリズムやモデルはブラックボックス化される（図6-15の右）。つまり、AIがデータ分析要素の2〜5を包含するわけだ。

アルゴリズムが人間の上司になる時代

ブラックボックス化が進んだ世界では、ビッグデータとAIさえあればいい。これを5つの要素で表すと次の5つになる。これこそAI革命の本質だ。

【AI革命による変化】
(1) 人が扱えないビッグデータもAIが処理する
(2) AIがツールとしてロボットなどを操る
(3) AIがアルゴリズムを考え、複数のアルゴリズムを統合し「マスターアルゴリズム」とする。
(4) AIにより人は不要になる（場合によっては教師データは人が作成する）
(5) AIがモデルを作成する

かつて産業革命で国の格差が広がった。加えて同じ国内でも職業間で格差が生じてきた。ビッグデータとAI革命では、同じ職業内でも格差が広がっていく。人々は根拠のないアルゴリズムに振り回され、AIに嫌われないような言動が求められる。AIに嫌われビッグデータに翻弄される人たちは、AIを使いこなす人から取り残され、さらに格差が広がる。まさにビッグデータの法則の1つ『広がる格差』である。

実際、配車サービス「Uber」の運転手の上司は、アルゴリズムだと言われている。乗車させた乗客がスマートフォンアプリを使ってサービス

188　第6章　ルール編

を評価するため、運転手は乗客の無謀な要求にも我慢せざるを得ないからだ。システムが自動的に生産性の悪い従業員を解雇するという会社もある。アルゴリズムに欠陥があれば人は振り回されることになる。これらも1つの格差社会であろう。

　最近は、コールセンターに電話しても、すぐに問題が解決しないことが多い。コールセンターに電話するのは、自分で分かることは自ら処理するが、不明点があるためだ。だが、コールセンターの仕事はマニュアル化されており"普通"の問題しか解決できない。筆者が聞きたいような"例外的"で"難しい"質問には即座に回答できない。

　これは、AIに置き換えても当面は無理であろう。コールセンターが持つノウハウを逆問題としてAIに移植しただけだからだ。ただ、AIが学習し筆者が問うような質問の回答を学んだら、それはビッグデータとして横展開できる。そのノウハウ集をコールセンターのオペレーターも共有すれば、同じように回答できる。つまり、人が今できていることはAIもできるようになる。人は新たなことに挑戦するしかない。

『○○する力』を養って対抗せよ

　格差が広がる社会で人は、どのように対抗していけばよいのか。求められるのは、さまざまなビッグデータに対処するための『○○する力』を養うことである。筆者も「データ分析法」や「欧米の最新IT動向」などをテーマに講演する機会が少なくない。その際に感じるのは、人が必要とする『○○する力』の中でも次の3つの力が弱くなっていることである。

発想する力：発想する力が弱いのは、「抽象化する思考力」が弱いからだ。とかく日本人は、この抽象化する力が欠けている。新しいことを創出するには、模倣から始まっても、物事を抽象化していかねばならない。

質問する力：質問する力が弱いのは、分析が苦手で「組み立てる力」が弱いケースが多い。課題点や要望を十分に理解し、さまざまな要因を分析し、シナリオとして組み立てる。つまり、可視化・分類・予測・判別・推論・検証という分析プロセスを身に付け、そこから最適なシナリオとして組み立てる。シナリオがあれば良い質問ができる。

これは「哲学シンキング」と言う手法でも使う力だ。「何故？」「〜とは何か？」という問いを重ねていく。課題の本質を質問する力で追求する方法論である。ワークショップ形式で議論する際に採用する企業が増えている。

対応する力：さまざまな事象に対処する対応する力がないのは、知っているトレンド（流行や趨勢）が限られているからだ。可能な限り、より多くの分野の情報を把握しておきたい。言い換えると、ビッグデータを「辞書化する力」である。

これら3つの力は当然ながら、AIも弱い。だからこそ人が磨く価値がある。逆に、「認識する力」「反復する力」「記憶する力」「計算する力」はすでに、AIが人を超えている。適切なロボットなどを活用すれば「プレゼンする力」もいい勝負だろう。

たとえば認識する力は、知覚処理と認知処理からなる。画像認識や音声認識という知覚処理はAIが優れていて、ディープラーニング（深層学習）がアルゴリズムになる。一方で、常識の獲得・推論という認知処理について、ディープラーニングは苦手としており、記号的学習で行っている。さらにベイズの定理により、少ないデータでも処理できる。

このように複数のアルゴリズムを統合したものが「マスターアルゴリズム」である。真のAIを目指すなら、そのAIはマスターアルゴリズムを持っておかねばならない。人間に備わっているアルゴリズムは元々、統

合されたものだから、結局AIは、人間のやることを模倣する必要がある。

　ただAIが進化する過程では、AIを進化させるためのツールもまたAIであり、そのAIにも間違いはあるだろう。同時に、人がAIを誤用するケースも増えてしまう。AIの間違いに気付いたり、AIの誤用を防いだりするためにも、人が『〇〇する力』を養う必要がある。『〇〇する力』は分析フレームワーク「AUOODA」(4-2参照) の各フェーズでも役立つが、詳細は別の機会に譲る。

『〇〇する力』を磨くにはメソドロジーがいる

　『〇〇する力』は、遺伝的に受け継がれ、もしくは学習によって醸成される。さらには食べ物とも深いつながりがある。

　学習によって『〇〇する力』を効果的に磨くためには、メソドロジー（方法論）が有用である。ただメソドロジーであれば何でも良いというわけにはいかない。

　かつて筆者が外資系企業に務めていた時に「Rain Maker」というソリューションに関するメソドロジーがあった。雨降らしという言葉だが「優秀な営業」という意味がある。日本人の有名なプロレスラーのニックネームも「レインメーカー」で、これは「金の雨を降らす」という意味のキャッチコピーだった。ただ、このRain Makerは日本市場では全く合致せず使い物にならなかった。

　その頃から筆者は独自にメソドロジーを考えるようになった。筆者が考案したメソドロジーは、(1) 実現したいこと（営業であれば製品／サービス）、(2) 課題点・要望、(3) トレンドの3つの層から成り立っている（図6-16）。

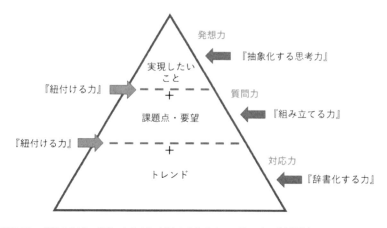

図6-16：氾濫するビッグデータやAIに対抗するためのメソドロジー（方法論）

　このメソドロジーにも『○○する力』が関連する。上位層の「実現したいこと」は、営業ならば売りたい商品やサービス、技術ならば作りたい部品やソリューションが相当する。実現したいことを具体的にする「抽象化する思考力」や「発想力」のほかに「プレゼンする力」や「説得する力」も必要になる。

　中間層は課題点・要望をまとめる「組み立てる力」が不可欠だ。ここでの課題点・要望は、顧客など相手のものなので「質問する力」のほか、相手から反論が出た際の「回答する力」が大切になる。

　そしてトレンド層には、さまざまな動向が絡んでくる。それらトレンドを自らの辞書にしておく「辞書化する力」が必要だ。

　ほかにも必要な力がある。3つの層を結びつける「紐付ける力」が、その1つ。ほかにも、氾濫するビッグデータから無駄な情報を捨て重要なことに集中するための「捨てる力」や、変化が激しい時代を生き抜くための「変われる力」も重要である。

　ビッグデータを観察すると、さまざまなことに"ワニの口"のような大きな格差が起こっている。格差があるところには必ず解決策がある。

だが、それに気付くためには、やはり『○○する力』が求められる。

喜怒哀楽こそが人の原動力である

　AIは特殊条件を気にし過ぎて真実を逃してしまう過学習を犯す可能性がある。また学習したことにしか対応できず、新しいことに対応する応用が効かない。つまりAIは、未来に対応することが難しい。

　この「未来力」ともいえる力は、人には野性的に備わっている。未完成な存在であるが故に恐怖心があるからだ。「怖い」「悔しい」という感情など喜怒哀楽こそが人の原動力なのである。

　日本の小学校ではプログラミング教育の必修化が2020年度から始まったが、プログラマーが原点である筆者は必須化には疑問を感じている。確かにSTEM（Science, Technology, Engineering and Mathematics）教育は大切であり、文系・理系を問わず、そのトレンドは知っておきたい。それでもプログラミング自体ではなく、抽象化する力を鍛え、発想する力を養い、人へ質問する力や対応する力を磨くことのほうに価値を感じる。

　「ビッグデータの法則」は他にもあるが本節までとする。

　以上、『学校では教えてくれないデジタル時代のやさしいデータ分析法』として分析について紹介・解説してきた。職業としてデータサイエンティストやデータアナリストになる方、もしくは、企業のデータ分析の担当者、そしてビジネスだけでなく個人的なことで、さまざまなことを分析したい方々への参考になれば幸いである。

著者紹介

入江 宏志（いりえ　ひろし）

DACコンサルティング 代表、コンサルタント、データサイエンティスト、ファイナンシャル・プランナー。

データ分析から、クラウド、ビッグデータ、オープンデータ、GRC(Governance, Risk management, Compliance)、次世代情報システムやデータセンター、AI（人工知能）など幅広い領域を対象に、新ビジネスモデル、アプリケーション、ITインフラストラクチャー、データの4つの観点からコンサルティング活動に携わる。41年間のIT業界の経験として、第4世代言語の開発者を経て、IBM、Oracle、Dimension Data、Protivitiで首尾一貫して最新技術エリアを担当。2017年にデータ分析やコンサルテーションを手がけるDAC（Data, Analytics and Competitive Intelligence）コンサルティングを立ち上げた。ヒト・モノ・カネ・ブランド・多種多様なデータという5大アセットに関する分析を手がけ、退職者傾向分析、金融機関での商流分析、部品可視化、ヘルスケアに関する分析、サービスデザイン思考などの実績がある。国家予算などオープンデータを活用したビジネスも開発・推進する。海外を含めたIT新潮流に関する市場動向やデータ分析ノウハウに関した人材育成にも携わっている。

◎本書スタッフ
アートディレクター/装丁：岡田章志＋GY
ディレクター：栗原 翔

※本書は経営課題や社会課題をデジタル技術を使って解決するDX（デジタルトランスフォーメーション）への取り組みをテーマに事例や知見、関連サービスなどを届けるメディア『DIGITAL X（デジタルクロス）』に掲載された連載をまとめ、加筆・修正を加えたものです。

●お断り
掲載したURLは2025年4月1日現在のものです。サイトの都合で変更されることがあります。また、電子版ではURLにハイパーリンクを設定していますが、端末やビューアー、リンク先のファイルタイプによっては表示されないことがあります。あらかじめご了承ください。
●本書の内容についてのお問い合わせ先
株式会社インプレス
インプレス NextPublishing　メール窓口
np-info@impress.co.jp
お問い合わせの際は、書名、ISBN、お名前、お電話番号、メールアドレス に加えて、「該当するページ」と「具体的なご質問内容」「お使いの動作環境」を必ずご明記ください。なお、本書の範囲を超えるご質問にはお答えできないのでご了承ください。
電話やFAXでのご質問には対応しておりません。また、封書でのお問い合わせは回答までに日数をいただく場合があります。あらかじめご了承ください。

●落丁・乱丁本はお手数ですが、インプレスカスタマーセンターまでお送りください。送料弊社負担 でお取り替えさせていただきます。但し、古書店で購入されたものについてはお取り替えできません。

■読者の窓口
インプレスカスタマーセンター
〒 101-0051
東京都千代田区神田神保町一丁目 105 番地
info@impress.co.jp

DIGITAL X BOOK

学校では教えてくれないデジタル時代のやさしいデータ分析法

2025年4月25日　初版発行Ver.1.0（PDF版）

著　者　入江 宏志
発行人　高橋 隆志
発　行　インプレス NextPublishing
　　　　〒101-0051
　　　　東京都千代田区神田神保町一丁目105番地
　　　　https://nextpublishing.jp/
販　売　株式会社インプレス
　　　　〒101-0051　東京都千代田区神田神保町一丁目105番地

●本書は著作権法上の保護を受けています。本書の一部あるいは全部について株式会社インプレスから文書による許諾を得ずに、いかなる方法においても無断で複写、複製することは禁じられています。

©2025 Hiroshi Irie. All rights reserved.
印刷・製本　京葉流通倉庫株式会社
Printed in Japan

ISBN978-4-295-60383-2

Next Publishing®

●インプレス NextPublishingは、株式会社インプレスR&Dが開発したデジタルファースト型の出版モデルを承継し、幅広い出版企画を電子書籍＋オンデマンドによりスピーディで持続可能な形で実現しています。https://nextpublishing.jp/

ISBN978-4-295-60383-2
C3055 ￥1600E

価格　　　　1600円＋税
本書は書店などでの販売価格を拘束していません。

発行：インプレス NextPublishing
発売：株式会社インプレス

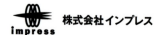